世博之光

中国 2010 上海世博会园区夜景照明走读笔记

EXPO LIGHT

Exploring of Expo 2010 Shanghai China

同济大学建筑与城市规划学院《建筑与城市光环境》教学组　编

中国建筑工业出版社

序

该书是同济大学建筑与城市规划学院的研究生课程《建筑与城市光环境》的作业成果。通过什么样的教学方式和布置怎样的作业，才能使学生收获更多，一直是我思考的问题。在距 2010 中国上海世博会结束不到一个月的时候，我与他们讨论，我们何不利用身处上海的便利，开展一次“走读世博”的活动，组织大家记录和解析园区夜景照明的方方面面，并将它们集结成书，特别是园区大部分场馆建筑无法保留，为何不用镜头和文字将世博夜景记录下来？场馆建筑的照明也是此次世博会的一大亮点，其设计的创新、新材料与新技术的应用，都值得我们每一位设计者学习。我的想法得到了研究生们的热烈响应。我们统一制作了参考版面发给大家，并详细布置了各自负责的场馆，工作就这样开始了。

参加课程学习的研究生大都来自设计背景，他们也仅仅是从这门课程开始才接触到照明设计的专业知识。从专业的角度讲，也许他们分析的还不够透彻，也许文中的用词也不够准确，但从他们的视角解读夜晚的世博，用他们特有的年轻一代的语言为我们描绘了世博园区的照明科技与视觉艺术，总之这是他们眼中的世博。

他们不辞辛劳，多次奔走于世博园区。他们为了更好地开展调研，重新购置了性能好的相机；反反复复多次排队，甚至为了进入某个热门场馆，熬夜通宵排队。他们学习的热情，对建筑与城市光环境的关注，超出了我的预期，也深深感染和激励着我的教学。

事实上，有些研究生完成的作业内容很多，非常有深度，但为了使整本书的页码而不致过多，最后不得已做了删减，甚至删去了大段的内容。作为他们的任课教师，当我拿到第一次打印出全彩的初稿时，我与他们一样，感到无比的兴奋和自豪。我仔细欣赏着他们亲自拍出的唯美画面，惊叹于他们独特的摄影技术；我醉心品味着他们的用词，是那样的华美；同时又是那么的时尚。

感谢团队中每一位老师和研究生，在完成世博园区科研与设计任务之后，还花费如此大量精力和时间，完成了多次不懈的校对修改工作。

整个书的校对与润色的定稿工作最后由杨赟博士担任。

谢谢中国建筑工业出版社及编辑杨虹的努力，使得这本特别的“世博作业”能够以书的形式问世。

谢谢参加课程学习的研究生们，我们共同完成了一次意义非凡的作业。

郝洛西

2011 年 7 月 29 日

光涂鸦： Lighting Vision

教师及学生团队

后排左起：张春旸　翁樱玲　闫红丽　侯晓阳　杨秀　郝洛西（教授）林怡（老师）　葛亮　李保炜　吴维聪　廖宇航　王茜　朱丹　刘海萍

前排左起：崔小芳　俞为妍　殷雯婷　白文峰　胡拓　祖一梅　曾堃　胡国剑

目　录
contents

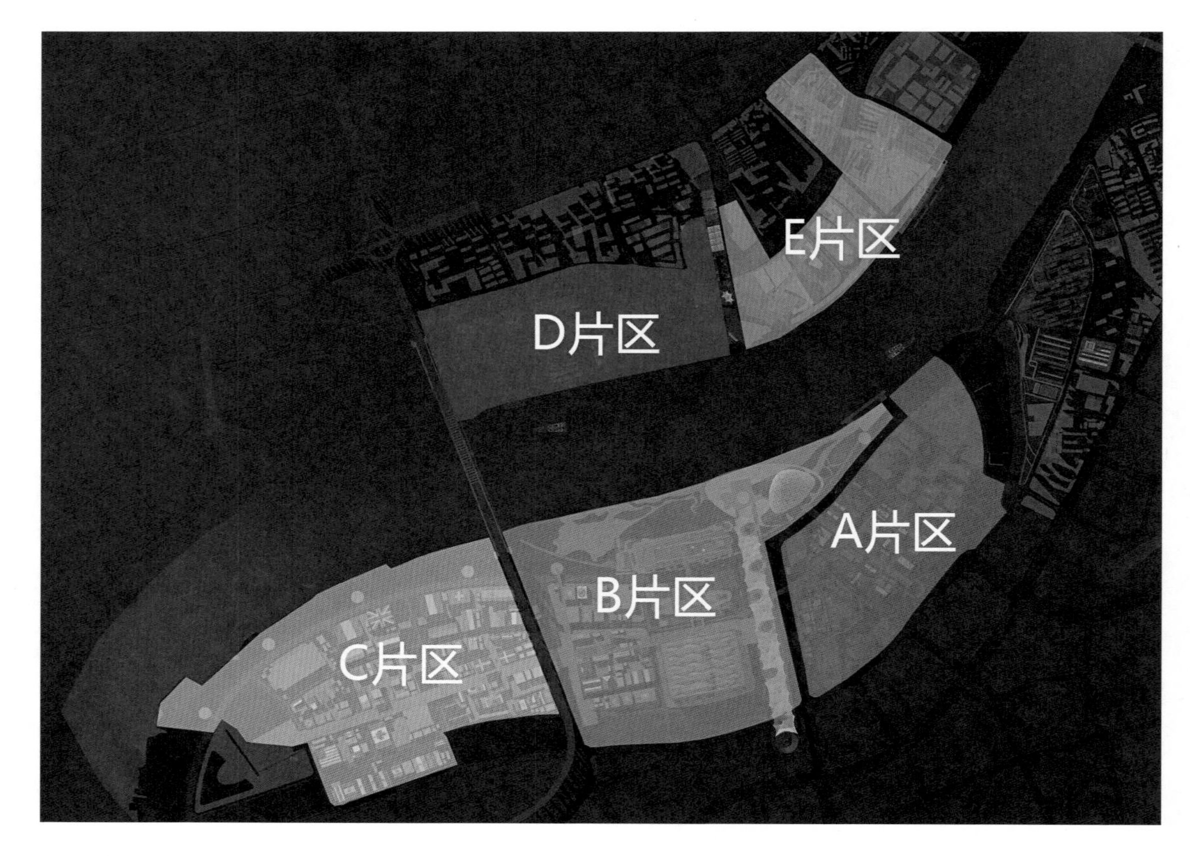

A 片区

B 片区

C 片区

D 片区

E 片区

户外空间照明

A片区

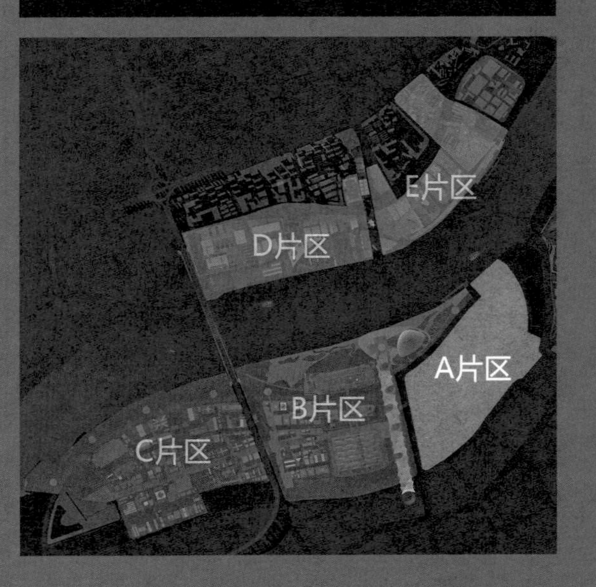

中国馆

China Pavilion

展馆位置：世博园区浦东A片区
场馆主题："城市发展中的中华智慧"
设计团队：华南理工大学建筑设计研究院
北京清华安地建筑设计顾问公司
现代设计集团上海建筑设计研究院
调研分析：林怡

设计理念

作为本届世博会承办国的国家馆，中国国家馆无疑是世博园区内最为引人瞩目的建筑。它不仅在展陈内容上凝聚了中华文明五千年来的精华，同时，在形态、体量、色彩上也呈现出鲜明而强烈的中国特色。中国馆从方案征选之初到最终实施建造的全过程都备受关注。仅是“中国红”的确定就经过了各方专家多次的商讨、现场实验及反复的比较评估。中国馆的夜景照明亦是经过了多轮的研讨、论证、实验及调整后才最终获得良好的整体照明效果。

中国国家馆照明设计理念主要包括：体现建筑照明与周边环境的和谐；展现建筑的人文魅力，统一中国馆内在文化和现代建筑观感的和谐统一性；以低碳绿色的照明技术为支撑突出展现了夜间中国馆的雄伟外观，真实再现了中国红的颜色特质，进而凸显并传达了中国庄重、祥和的国家形象。

室外照明

中国国家馆的建筑形象决定了其夜景照明的风格基调是庄重而大方的，过于繁琐的装饰细节对于中国馆都是不太合适的。最终采用的外部整体投光和内透光的照明组合方式是对中国馆的建筑形态从整体上的呈现，取得了较好的视觉效果。在 9m 平台的四个核心筒体周围安装 900 套左右的 LED 投光灯，分别对中国馆横梁下部和核心筒立面进行投光。灯具采用 3000K 的暖白光 LED 和红光 LED 进行混光照明，确保了“中国红”在夜间既不会过于艳丽，又不至黯然失色，充分展现了这一重要的设计要素。

内透光部分采用了暖白光（3000K）的金卤灯进行投光，与外立面暖色调的“红”协调统一，也进一步强调了建筑形态上的虚实对比。

9m 高的平台及大阶梯采用了简单高效的照明方式。在中国馆最高的大横梁下缘，每边安装 7 套嵌入式下照金卤灯，在确保大范围内的场地的均匀照亮的同时，最大程度地保持了建筑形态的纯粹。

室内照明

《清明上河图》是中国馆内展陈内容的最大亮点，也是极具创意的展示设计。通过多台投影机联动，将《清明上河图》的宋代城市场景展现在十几米长的墙面上，并让其中的人物活动其间，极为“生动”地演绎了宋代的民间生活。在天花上安装的投影灯，配合动画在地面上投射出淡蓝色的水波纹和暖黄色的卵石纹通道，塑造了整个大厅空间的光环境氛围，并提供了最基本的环境照明，保证了投影图像的欣赏效果。

大尺度、高空间是中国馆的大部分的室内交通空间的显著特点，其主要照明方式是下照式照明，具有高照度、高均匀度及高显色性特点，满足了中国馆内人员密集、交通活动频繁的照明需求。此外，馆内墙面也是照明的重点，通过对墙面进行投光照明，一方面展示了墙面自身的质感和肌理，同时也为室内空间提供了相对明亮的垂直面，保证了视觉上的舒适度。

中国馆室内设计采用了不少新材料和新技术，如印刷织物、植物（类植物杆茎）、膜结构、金属网板、金属雕刻版、亚克力导光板、光导纤维等，有透明、半透明、磨砂、导光、高反射率等不同的光学特性，形成了或柔和自然或硬朗明快的不同质感。不少界面配合 LED 照明形成了具有独特视觉效果的彩色、动态场景。而另一些安装于半透明材质后的 LED 点阵，结合触摸、红外感应等技术形成交互式的照明艺术装置，也成为展区中最为吸引观众的体验与参与的展示内容。

中国省区市联合馆

China's Joint Provincial Pavilion

展馆位置：世博园区浦东A片区
调研分析：郝洛西

装饰与功能

展馆的设计极富中国气韵，“叠篆文字”装饰的建筑外墙，传递着二十四节气的人文地理信息；花岗石台阶运用“三斩斧”的工艺，千锤百炼，沧桑遒劲，再现汉代石刻拙朴刚强的气魄。

进入展厅，映入眼帘的是大厅顶部牡丹花纹样的天花板，采用灯箱照明方式，呈现出代表着中国传统韵味的大红色，极富视觉冲击力。同时在入口大厅照明中，多采用具有民族特色的艺术图案，彰显着中国特色。

展馆通过照明设计和新技术的应用，有效地组织了交通流线，起到了交通导向的作用。各处醒目的指示牌，让参观者能很好的路线选择，体现了人性化的设计精神。

地域风情与民族特色

展馆中的地区展厅各具地域风情，通过灯光的表达突出展现了民族特色以及地方文化。每个地区展厅通过灯光装饰，体现出建筑设计的理念，强调出地方展厅主题，将光与展示融为一体。

如山东馆，它采用蓝色曲线造型，融合山的厚重与海的灵动，通过灯光勾勒出“海岱交融”的风貌与意境。浙江馆外墙仿似竹林，通过光影技术变换色彩，剔透晶莹，营造出清雅的江南韵调。贵州馆则汇集银饰、苗寨、鼓楼、风雨桥和山水瀑布等特有的视觉元素，在光的投射下显得琳琅满目，充分展示了贵州的自然民俗特色。西藏馆通过内透光照明，展现了西藏纯净洁白的雪山，映衬出雄伟的布达拉宫，突显民族风貌。还有，黑龙江馆的冰雕造型、内蒙古馆的草原美景、广东馆的骑楼外观、上海馆的石库门造型、海南馆的线幕设计、广西馆的榕树外貌以及江西馆的青花瓷器形态等，均体现出不同地域自然、民俗、经济、文化等方面特色。

历史文化

各地方展厅通过陈列展示了历史文物以及标志性文化，利用重点照明加以强调，将中国缤纷的历史文化呈现在参观者面前。

河北馆的长信宫灯由青铜铸造，高 48cm。其外形是一位眉清目秀的年轻宫女，身着曲裾深衣，发髻上戴着头巾。宫女跪地，左手执灯，宽大的右袖成为自然的灯罩。这是 2000 年前的环保灯具。宫女罩住灯座的“长袖”，让宫女中空的身体与灯座连成一体，形成天然的“烟道”，使烟尘能顺着右臂“烟道”进入宫女体内，中空的体内注入清水，起到了过滤净化的作用，与世博会低碳环保的主题相呼应。此外，还有山东馆的孔子塑像等展品，均充分展现了中国各地的历史文化。

日本馆
Japan Pavilion

展馆位置：世博园区浦东A片区
场馆主题：心之和、技之和
设计团队：Nihon Sekkei
调研分析：杨秀

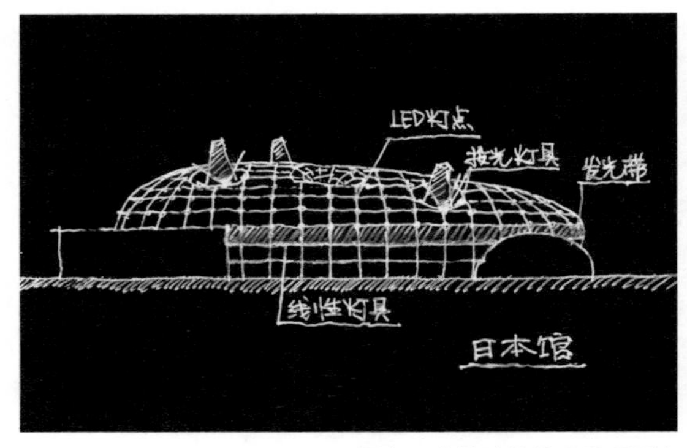

图解日本馆建筑外观照明设计

日本馆室外夜景照明

被称为“紫蚕岛”的日本馆建筑承袭了爱知世博会的环保理念，注重用科技来解决现实问题。其外观生动体现了有机体的建筑概念，弧形形体上布有三个呼吸孔、三座排热塔以及淡紫色ETFE膜。

会呼吸的紫蚕岛

该建筑外围护结构的材料为双层淡紫色ETFE膜，膜结构呈现出一种气枕的形状，内有可弯曲的非晶硅太阳能光电板，这些太阳能光电板由白天吸收的能量为建筑提供夜间照明所需的电能。

“紫蚕岛”建筑底层架空，形成了悬浮在空中的视觉效果，建筑照明设计并未将整个建筑照亮，而是利用线性灯具把紫蚕岛下方的一圈气枕照亮，而在上部仅在钢结构构件交叉点处安装了LED点状光源，形成了繁星点点的视觉效果。此外，屋顶的三座排热塔形体高出建筑，照明设计中用投光灯将其照亮，以强调该部分形体的特殊效果。整体夜景照明控制中，协同控制了T5荧光灯、LED点状灯具、投光灯具，用全部点亮到全部熄灭之间的调光变化来表达建筑具有生命迹象的呼吸概念。

日本馆建筑外观照明设计

灯光照亮“联接”之路

建筑室内照明中，采用了 LED 灯具、显示屏、投影展示灯方式来表现室内的光照效果。建筑入口空间为一个较大的排队区域，该区域的照明采用了 T5 荧光灯，将其隐藏在天花的半透明材料之后，为地面提供了均匀的照明效果。展示照明中采用“暗室”的展示方式，主要以实物场景的展示和投影展示技术相结合的方式。实物展示中，在靠近游客的一侧安装有投光灯，并在投光灯外侧加设纸质遮光罩，避免眩光。在投影或视频展示中，利用 LED 灯具色彩的变化配合展示的内容，营造出较佳的视觉效果。另外，场馆中还展示了 OLED 照明技术、在踩踏等外力作用下发电的地板、膜状非结晶太阳能电池、贴有透明薄型太阳电池的发光窗等照明新技术。

日本馆最后一部分为拯救朱鹮活动的音乐剧表演，剧场的照明设计体现了日本传统的装饰特色，池座两侧墙体采用木格栅装饰，并在木格栅背后隐藏线性灯具，以营造柔和的剪影效果。池座上方天花根据建筑构件分割样式，安装了下照式筒灯，为池座提供功能性照明，且配合 LED 灯点，营造出星星点点天幕视觉效果。舞台处的幕布两侧利用线性投光灯，提供了“背光”效果，以减少幕布与周边的亮度对比，缓解视觉疲劳。

日本馆室内光照效果

日本馆中日本特色的剧场照明设计

乌兹别克斯坦馆

Uzbekistan Pavilion

展馆位置：浦东A片区
场馆主题：乌兹别克斯坦，不同文明的交汇地
调研分析：秦添

重返碧透心湖

展馆位于主要步行道一侧，大片室外空地带来了全方位欣赏之酣畅。入口形象源自绿松石八角形广场，上设 LED 大屏播放影像；玻璃门框架仿舍尔杜尔中心入口（撒马尔罕建筑黄金 15 世纪）；门面装饰选自 Tillya Kori madrasah 重要片段之一“拉吉斯坦撒马尔罕正方形（17 世纪辉煌建筑艺术纪念丰碑）”。展馆现代化外观装饰效果以镜波特质塑料材质为载体实现。白天，巨幅外挂的湛蓝波面建筑表皮如同一汪碧透湖水，在明媚阳光的折射下晶莹闪动粼粼波光，默然见证日月变迁，记载物事沧桑；夜幕降临，各场馆灯火齐明，光耀夜空，它亦然呈现出异于白日之美的别样风姿。波浪式镜面反射馆内所展印象图片——阿德拉斯，带给游人奇异的视觉感受。馆前广场白光 LED 路灯高耸，映亮场中凉亭之纯白伞面，亦映衬出身后缤纷变幻之波面巨屏的流光溢彩。幸福与繁荣的鸟雕于温柔夜色中俯瞰我们的星球，仿佛寓示着人类未来更灿烂的自由与新生。

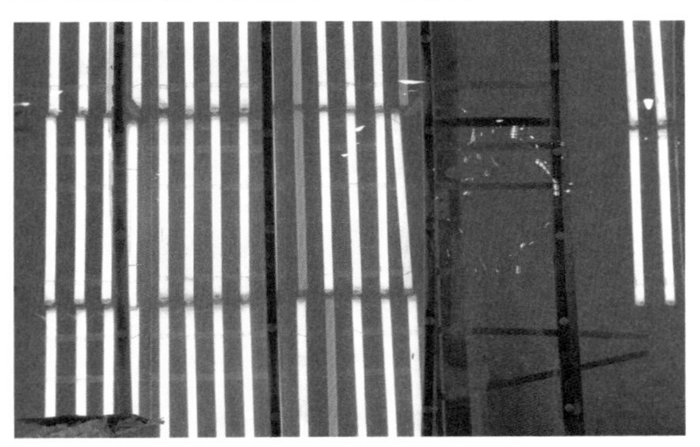

巴基斯坦馆

Pakistan Pavilion

展馆位置：世博园A片区
展馆主题：城市多样化的和谐
设计团队：FAR EAST ORIENTAL TRADING COMPANY (PVT)LTD., PAKISTAN
调研分析：殷雯婷

展馆概念之源

巴基斯坦馆的建筑规模约为 2420m^2。展馆等比例复制了建于 16 世纪的拉合尔古堡。

馆内展现充满活力、古典与经典文化交融的巴基斯坦。电子书、水幕投影、球幕电影等都可以让参观者了解巴基斯坦的文化历史和城市发展，走近巴基斯坦的神秘且悠久的文明和宗教，身临其境地感受巴基斯坦的城市街景和生活场景。

照明解读

外层材料的投光

巴基斯坦馆外墙采用不透光材料，将整个建筑立面投射的较为均匀，但走近时，则有眩光问题。建筑外立面投光时分为上下两部分。上部采用小投光灯，隐藏于建筑线脚内，下部采用埋地灯具投光进行照明。

以色列馆

Israel Pavilion

展馆位置：世博园A片区

场馆主题：创新，点燃美好生活：
与自然历史和未来需求对话

设计团队：Haim Dotan Ltd Architects & Urban Designers

调研分析：殷雯婷

以色列馆位于亚洲区中心广场的北侧，面积大约 1200m²。展馆由两座流线型建筑组成，似环抱在一起的双手，又似一枚海中的贝壳。

展馆建筑的设计概念

以色列馆的设计概念蕴含了东方哲学，即以老子的“阴阳”思想融通：两座 24m 高的流线型建筑，创新厅和光之厅之间互相对话与对比。

馆内展示区分为“低语花园”、“光之厅”、“创新厅”三个体验区。参观者分别可以同自然对话，与犹太人的历史进行交谈，360° 全方位地感受飘浮在三维空间里的光球所呈现的视听盛宴和以色列的科技创新成果。

在建筑材料上，由天然石块搭建而成的创新厅象征着与地球、历史的联系以及对自然资源的循环利用；而采用透明 PVC 及玻璃材料构成的光之厅，象征着科技、透明、轻盈和未来。

展馆建筑照明的分析与解读

“创新厅”的灯球

在创新厅中，人们可以看到一场由光球和电影相结合来展现以色列当代技术的视觉盛宴。整个空间为半球体，在中心位置处，有一个漂浮的光球，以它为中心，周围有序排列着许多结合屏幕的光球，人们可以坐在屏幕前观看和感受。这些光球会随着电影情节而变换颜色，增加了人与电影之间的互动。

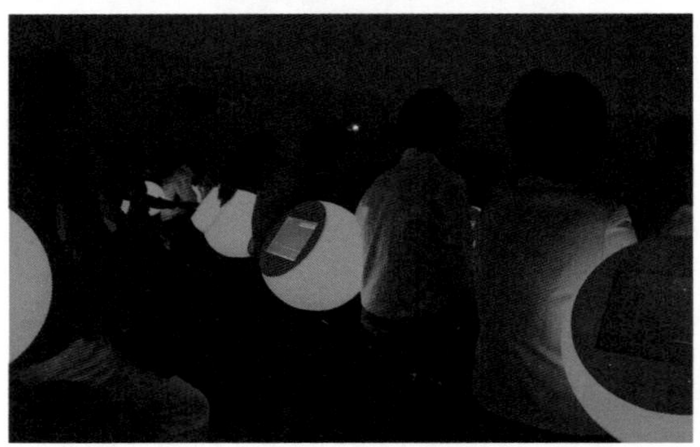

卡塔尔馆

The State of Qatar Pavilion

展馆位置：浦东A片区
场馆主题：现今的雄心和未来的期望
调研分析：廖宇航

卡塔尔展馆是以一种有机建筑的形态出现的，其外观以印象派的手法呈现了卡塔尔的标志性建筑——巴尔赞信号塔。双塔位于建筑的两个长边的边缘部分，建筑本身保持了沙漠干旱建筑的有机形态，立面上只开启了十扇左右的小高窗，因此，建筑的外立面的夜景照明通过室外场地上一盏造型别致的高杆 LED 灯来满足。

内部照明

珍珠的水下胜景

底层门厅的入口处设置了开阔的门廊，代表了卡塔尔人辉煌的采珠历史的出海船就陈列在这里，两三顶古老的油灯吊在门廊内。白天的灰空间在夜间经由橙色光漫反射形成了对采珠船的展示照明。另外，双塔之间的二层屋顶安置的巨型灯箱照亮了展馆的夜间轮廓。混凝土外墙上布满了卡塔尔特色的艺术图案，在夜景照明下显示出其材质与肌理的特点与地域氛围。

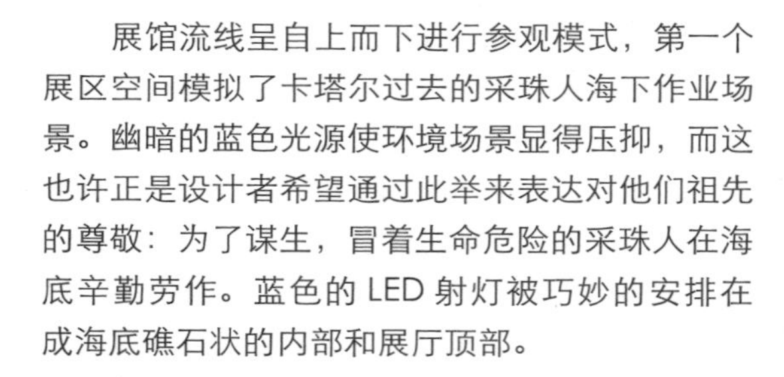

展馆流线呈自上而下进行参观模式，第一个展区空间模拟了卡塔尔过去的采珠人海下作业场景。幽暗的蓝色光源使环境场景显得压抑，而这也许正是设计者希望通过此举来表达对他们祖先的尊敬：为了谋生，冒着生命危险的采珠人在海底辛勤劳作。蓝色的 LED 射灯被巧妙的安排在成海底礁石状的内部和展厅顶部。

主体空间的展示主要有：通过布置贝都因人帐篷、特色手工艺品展区和互动视频等，以展示传统与未来、传递绿色与可持续的概念。在两层高的黑色天幕下内嵌了很多盏 LED 灯，形成了一个璀璨天幕。围绕天花顶四周，灯具整齐沿墙排列，对墙壁上尖拱凹形的细节进行照明。大理石地面上镶嵌的埋地灯保证了大厅参观者的视觉导向需求。各个小展区采用了普通会议室吊顶照明设计。出口处的两个 LED 彩色伞状灯饰使卡塔尔展馆完成了从传统内部装饰空间到具有现代感的出口华丽转身。

入口照明

印度馆

India Pavilion

展馆位置：浦东A片区

场馆主题：和谐之城

设计团队：Design C
SANJAY PRAKSH&ASSOCIATES
PRADEEP SACHDEVA DESIGN
ASSOCIATES，D.R.Naidu.
中国京冶工程技术有限公司

调研分析：秦添

光塑层次空间

印度馆塑造了鲜明的光空间层次，通过光与影的交织、明与暗的变化、光的点线面结合，安排空间序列，增加空间层次，丰富空间感受。从生命之树华美雕饰的耀眼金光，过渡至入口明晰敞亮的暖白光空间，再进入橙黄的拱顶部分，走向夜幕的凝重墨色，最后来到紫光弥漫的广场舞台，抬头仰视金镶绿染的大穹顶。从低矮的入口空间到高旷的拱顶空间，再至浩无际涯的天幕。

展馆外立面垂直绿化技术为冷硬墙体注入了热腾腾的生命力，竖向绿带交织呈现横向肌理，装饰植被经工厂化制作直接“外挂”在墙体上。为协调橘光照明下的红砖及统一立面的整体效果，在近植被处地面等距安置宽配光角低瓦数的高压钠灯，较宽光束的小型投光灯向上投射，将墙体与植被笼于一片暖黄光之中，在外凸装饰横条上侧投下深影，强调出立体质感。

充满层次的印度馆照明设计

Holo 技术筑城市之旅

在竹制穹顶中央区域，展馆精心打造了全球最大 360° 立体化全息投影装置，整块屏开口 6.6m、成像区域高宽约 2~3m；在多媒体声效与可调节灯光等多种声光电技术合势渲染下，一束束光线投射至完全通透的结构中，一幕幕惟妙惟肖、立体感突出的巨幅三维影像悬浮半空生动活现。围绕浑圆穹顶，悠叙城市数百年沧桑与三千载蜕变，娓述古老与现代、人文与科技、传统与创新以及城市与农村的同衍共荣。观众围坐阶梯与竹凳，沐浴内透天光，在现实与虚拟双重幻境中体验新型展示方式，畅享古今文明之旅，漫步神奇的“时空隧道”，洞悉城市千年演变，回眸 M 莫汉佐达罗与哈莱潘远古时期，穿越中世纪 Mohallahs 繁荣城市生活，终返于今天独立后的印度新城。

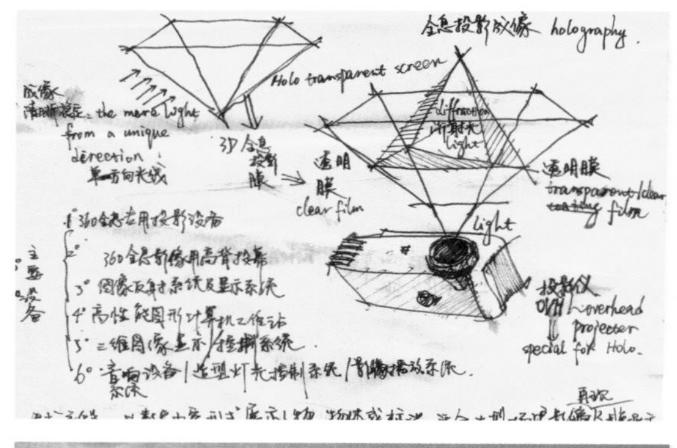

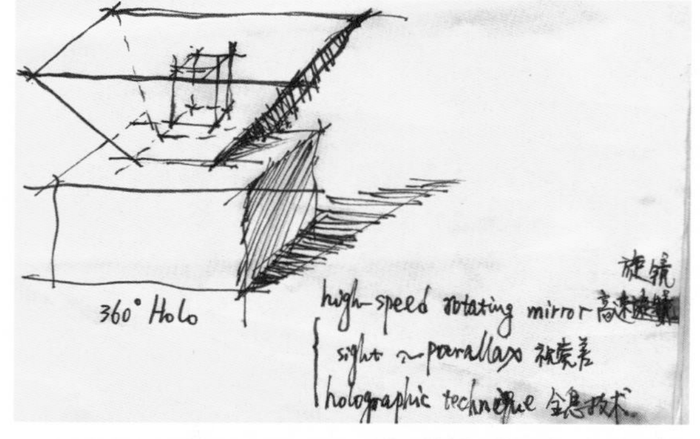

古典之貌蕴“现代之心”——360° Holo高科技带你俯仰城市千年，在极度试听中感受“Unity in Diversity(和而不同)”本质。

尼泊尔馆

Nepal Pavilion

展馆位置：浦东A片区
场馆主题：加德满都城的故事——寻找城市灵魂；探索与思考
设计团队：德加满都I.E.G
上海东亚联合建筑设计有限公司
调研分析：秦添

安享异域的静谧之美

世博园内，要找人头攒动的热闹场馆不难，找一处静谧之地却不易。尼泊尔馆却有这样的魅力，尽管馆内游人如织，一走进展示区域，心便会神奇地安静下来。这种魅力，或许来源于场馆所营造的特殊气氛——一种带有智慧的静谧之美。尼泊尔艺术思想和装饰材料完全融入整个场馆建设和布局中，包括使用了约 500 吨木料、金属、砖片、瓷料和石料加工而成的展品和装饰品，由 300 多户尼泊尔家庭工匠耗时两余年纯手工打造。数位尼泊尔杰出手工艺大师亲赴工地，亲手为充满异域魅力的尼泊尔馆添上艺术之笔。整座尼泊尔馆，建筑造型以大型佛塔形式为主体，周围环绕数个代表不同历史时期的尼泊尔民间房舍，述说几个世纪以来尼泊尔工匠们展现的杰出的建民间房舍，述说几个世纪以来尼泊尔工匠们展现的杰出建筑艺术才华。截取寺庙之城——加德满都，在两千余年历史上作为建筑、艺术、文化中心的几个辉煌时刻，通过建筑形式的演变展现城市的发展与扩张，犹如一座上演着尼泊尔文明场景的剧场，带领令人探索它的过去与未来，为城市寻找灵魂。到了夜间，镂空的佛塔被灯光映亮，犹如尼泊尔巍巍雪山在日出日落时分绽放出神圣光芒。每当此时，匆匆走过的游客都会被这幅画面感染，不知不觉放慢脚步。这座大型佛塔不仅是展馆标志，也是尼泊尔文化的载体。在独到的设计下，游客上楼时须按顺时针方向，从左至右沿“启蒙之路”直达塔顶，通过这种尼泊尔日常生活中常见“右旋礼”，领略尼泊尔人对智慧、和谐与自然生活的追求。

建筑不能发言，然而它的存在却是最好的表态。尼泊尔国家馆馆长这样解读：希望更多人进入尼泊尔馆后，无需急着赶路，无需急着排队，可以平和地坐在尼泊尔馆的白塔下，听风吹动悬挂走廊的铜铃，真就觉得：在这儿安安静静欣赏一会儿也很好。尼泊尔带给大家的，就是于静谧之中的智慧之美。

大佛塔立面：极富现代感的“覆钵”主体内部照明塔顶相轮舍利体传统艺术化照明交相辉映。

民舍侧观：错落有致的内透光谱出异域韵律。

光影交融的“建筑化雕塑”，各异窗形下的别样内透光体验。

入口外观：室内灯光经由某种粘附窗体透光材料的特殊处理，发出“黄金之光”。

中国台湾馆

Taiwan，China Pavilion

展馆位置：浦东A片区
场馆主题：山水心灯——自然 · 心灵 · 城市
设计团队：李祖原联合建筑师事务所
大原建筑设计咨询（上海）有限公司
建学建筑与工程设计所有限公司
袁宗南照明设计事务所
调研分析：秦添

台湾之心

在建筑体外部主题形式的定位上，设计者选用了可进行多层表达、动态演绎的多媒体展演方式。由巨型玻璃制作而成的“天灯”罩采用了透光率 60% 的“调光薄膜”材质制作表皮，可在雾面与透明材质间自由转换。通电时具有清光玻璃般通透质感的外膜，到了夜间便呈现出如梦似幻的雾面效果。内置直径 16m 的“台湾之心”巨幕球体，上面布满 LED，其均布密度比台湾小巨蛋 LED 屏提高了八倍之多，不仅远距观看时成像清晰、光色炫丽，于近处观之效果更佳。

透过雾面外膜与高流明值 LED 球体二者虚实互生的动态展演，呈现龙行蝶舞、鱼翔荷绽、戏曲布艺及书法汉字等多元自然及文化主题影像，寓意自然永续而生命不息、民间艺术与传统文化永世相承；LED 球幕作为技术载体向世界传递台湾自然风光与文化风情。这颗倾世光华的明珠，如斯匠意以孕，契寓“台湾之心”于夜盛绽，释光迸热，坚守如一；它是登峰造极的光影魔术师，流转律动于不经意间竟极致演绎出惊鸿卓绝的建筑光之美。

LED球幕上正在播放反映台湾美丽的自然风光、画面内容为鱼翔浅底的巨幅影像，屏幕效果可谓光彩炫目，晶莹剔透。

“山水心灯”照明主题

在山体主入口部分，运用投影投光灯对地面投影出台湾馆 LOGO 以及代表台湾山水的浓缩意象，再于上方天花辅以间接照明，不仅为建筑物外立面、等候区访客及过路行人提供基本照明，同时制造出动人心弦的意境。

在天灯基顶向内收分的斜面处（部分是点灯水台外立面），以 LED 线形投光灯将基座上缘洗亮，用“上虚下实”的手法塑造基座厚重感，以强调建筑体块感；亦使位于水台上方的“台湾之心”LED 球幕不会受到下方灯光影响，搭配雾面金属作外观材料，整体光效得以完美呈现。金属雾面绘祥云图案，于现代感中呈现古典美，在白光洗刷中闪动水晶般的光泽。

“希望之树”布满 2300 条 LED 组件，代表 2300 万台湾民众对你“放电”，将数条 LED 组装模组内置，透过竹篾缝隙雕漏点点星光。自然与城市之光跟随你一同呼吸。LED 照明系统实现“追光逐影”，让光有生命地呼吸律动。

“山水心灯”照明设计

亚洲联合馆一

Asia Joint Pavilion Ⅰ

展馆位置：浦东A片区
场馆主题：亚洲风情
调研分析：廖宇航

亚洲联合馆一——外部照明

亚洲联合馆一是一个矩形的盒子，分别有六个国家在其中布展，分别在各个独立分隔的空间里演绎本国文化。因为联合馆的外部空间的表达方式比较折中，因此各个展馆在设计上更加强调通过内部空间环境照明的营造来体现本土特色。

室外照明

东帝汶

东帝汶展馆的间接光照凸显展厅立体的轮廓，大部分参与营造氛围的灯具都被很好地隐藏起来，顶部只提供了两盏位于大厅两端的黄色射灯，用以照明位于显示屏两侧的两组图腾雕塑群。参观者的感知通过馆内灯光的远近、明暗的变化及色调渐变来被带入东帝汶的自然风光、日出到日落的变化及人们生活、娱乐的场景中。

吉尔吉斯斯坦

吉尔吉斯斯坦蒙古包似的展厅正中间是一个从天而降的巨大的走马灯，通过内部白光源投射在包裹于走马灯帆布灯罩上的游牧马背民族的绘画主题，呈现出蓝色梦幻光效。走马灯与整个大厅的幽蓝色光照环境和谐统一。

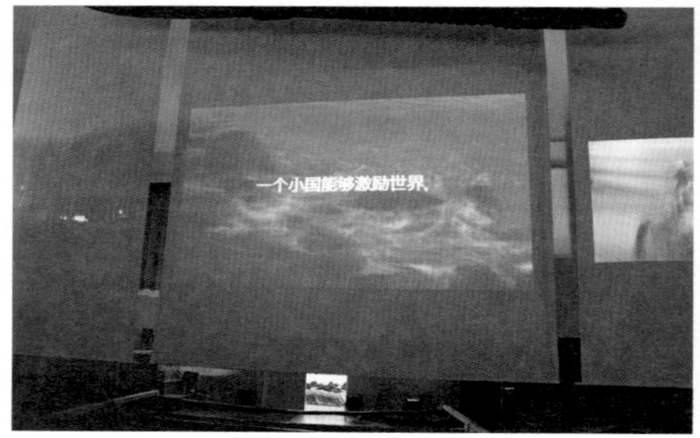

室内照明

蒙古、孟加拉、塔吉克斯坦

展厅内的蒙古馆内的恐龙蛋所采用地面照明起到安全导向的作用，埋地灯具用的是普通白炽灯。蛋内壁为环形的显示屏，蛋内没有再安排其他光源。此外，整个蒙古展厅没有做太多的环境照明设计。

孟加拉的灯光设计由两部分组成，一部分是顶部的整体照明，用的是若干悬吊的筒灯，另外一部分是每块展板上固定的小射灯。展厅两侧分别布置了孟加拉特色的工艺品展区和模拟孟加拉森林的模型区，模拟森林区提供了场景照明。

吉尔吉斯斯坦展厅内假山区是整个展厅最明亮的部分，通过在顶部的深蓝色吊顶上固定一盏大的吸顶灯以及在假山底部水池边缘的石头上固定 3~5 盏射灯，来实现该区域的环境氛围营造。

室内照明

马尔代夫

马尔代夫是一个海岛国度，其展馆的四壁通过绘画描绘了该国特点，向世界呈现马尔代夫式的现代生活。展区场景被布置成阳光海域的室外环境，因此展馆的光照通过天顶的筒灯向下照射，让充足的光照模拟了马尔代夫需要营造的海滩、阳光和休闲的度假生活氛围。场馆的中央有一座小茅屋矗立在沙滩上，内部散发出暖黄色光线，配合外部充足的阳光光照环境，海岛的独特风情得以呈现。

夜景照明

亚洲联合馆二

Asia Joint Pavilion Ⅱ

展馆位置：浦东A片区
调研分析：秦添

亦小亦美风景独好

亚洲联合馆二即也门馆、约旦馆、巴林馆、巴勒斯坦馆、阿富汗及叙利亚馆所在展区，浓缩阿拉伯世界建筑与生活艺术之精粹，将当地手艺与传统生活习俗带进世博，特色展示与亲身体验使游客们融入阿拉伯风土人情之中。小小惊喜屡现馆内，每一场馆都经参展方悉心布置，有心人自可掘精妙之处。

约旦馆入口建筑风格仿古城佩特拉，馆内展示的历史遗迹为卡兹尼宝库，阿里巴巴与四十大盗的传奇于此衍发。巴林馆演绎着这个波斯湾岛国与珍珠的故事。巴林的珍珠享誉世界，展品器物皆依此布展。巴勒斯坦馆内四米见方耶路撒冷城市模型由小小贝壳制作，表面如大理石般光滑，展馆正面及左右两侧有两套多媒体展示屏幕和十余只嵌入式灯箱，介绍巴勒斯坦富饶物产与独特文化。阿富汗馆还原当地民众日常生活，让游客于仿真帐篷中感受传统居住环境，在一应俱全的头饰、乐器与日常用品贩卖市场中领略阿拉伯世界的风土人情。

沿通长走道等距布置两排内置LED白光光源的嵌入式吸顶灯，灯具外罩弱化后发出更为柔和的光线，具水平向均匀度的走道功能性照明水平明显低于各入口照度，白光既与各馆入口缤纷各异光色有效区分又不至喧宾夺主，与约旦馆抢眼的暖黄光色交融如“天造地设”。

光影造物

在与被照墙面相距不到30cm的位置，安放了向下掠射灯具，凸显墙体肌理与质感。灯的射线照亮被照物顶部，产生光影效果。下照光与上照光相比更接近自然光效果，可模拟日光来揭示细节，形成阴影，表现雕塑的形式与质感。照明在夜间赋予雕塑新形象，光与影使其更艺术化。约旦馆入口上方这片雕塑艺术打造的墙体是其照明重点，上方两侧各设置一盏近照面的小型投光灯，高压钠灯发出的暖黄光很衬墙体的色泽与材质，外墙其余部分靠近墙面均匀布置灯具。

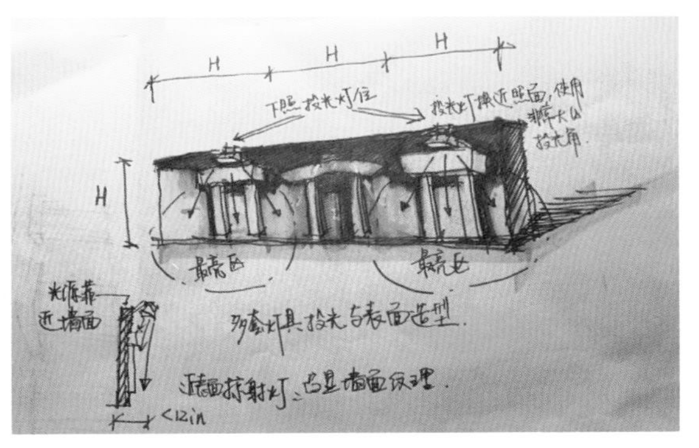

灯光与雕塑

亚洲联合馆三

Asia Joint Pavilion III

展馆位置：世博园区浦东A片区

调研分析：杨秀

被均匀照亮的场馆

亚洲联合馆三由伊拉克馆、老挝馆、缅甸馆组成。三个展馆被设计在一个建筑之内，但是相互之间较为独立。

该联合馆建筑外表面布置了三个展馆的宣传图画，在建筑上檐处有出挑的投光灯具，照明效果相对简单，视觉效果一般，在世博会的后半段期间内都未开启室外照明。

三个展馆的室内照明也较为简单：均在室内顶部均匀安装了悬吊式下照筒灯，为室内展示提供足够的照明。地面照度也达到较高的水平，如缅甸馆室内地面平均照度达 308 lx，伊拉克馆室内地面平均照度达 205 lx。这个照明方案非常经济，也为室内空间提供了较高的垂直照度和水平照度，即使是人流量较大时也能满足视看要求和安全性。

亚洲联合馆三室外夜景

亚洲联合馆三室内照明效果

中国澳门馆

Macao，China Pavilion

展馆位置：世博园A片区
场馆主题：文化交融，和谐体现
设计团队：马若龙建筑师事务所；
同济大学建筑计研究院(集团)有限公司
调研分析：殷雯婷

中国澳门馆的东北侧是中国国家馆，西南侧是中国香港馆，其场地的东侧为中国国家馆的主入口广场。中国澳门馆占地 600m^2，建筑面积约为 1300m^2，共有 5 层，展出面积约 800m^2。建筑最高点高度为 19.99m，寓意澳门在 1999 年回归祖国。展馆通过展示历史文化底蕴与现代社会风貌，向人们呈现澳门地域文化中东西方文明的交融与传承。

澳门馆外层变换不同颜色

展馆概念之源

澳门馆建筑设计方案为“玉兔宫灯”，沿用了中国古神话故事，将名为“东方之冠”的中国国家馆比喻为分隔人间与天界的南天门，而“玉兔”则是传说中在南天门前迎宾引路的仙兔。“玉兔”外形源自华南地区传统兔子灯笼，兔子的头部和尾部是一个气球，可以上升或下降，以此吸引参观者。“玉兔”内部由一条螺旋形长斜坡组成，共 3 层，整个步道是一个 360° 的影院，在斜坡两旁设置各种展示内容，展示空间由地面直达上层平台。

如歌的照明设计

双层玻璃薄膜的外层材料

澳门馆外墙采用双层玻璃薄膜，内置 LED 光源，通过 LED 颜色变化，其外表呈现出不同颜色。在外墙上，也有一个 LED 显示屏，可以展示不同的影像。

室内 LED 光源的应用

澳门馆的入口处由镜面构成，同时设置了许多的 LED 点光源，在镜面的反射下，让人感觉星光点点，仿佛进入了花宫。

在展示空间内的顶部有以澳门市花为造型的灯具，其边缘和内部采用 LED 光源，总体亮度不高，烘托展示氛围的同时，也显现历史文化特色。

室内外照明

沙特阿拉伯馆

Saudi Arabia Pavilion

展馆位置：世博园区浦东A片区
场馆主题：多元合一
设计团队：上海时空筑成建筑设计有限公司
富润成照明系统工程有限公司
调研分析：杨秀

沙特阿拉伯馆的建筑方案之灵感来源自阿拉伯神话故事中的“月亮船”形象的“丝路宝船”，承载着沙特人的友好和希望来到中国上海世博会黄浦江畔。建筑还大量运用了伊斯兰建筑的装饰纹理贯穿于建筑内外，很好地体现了伊斯兰文化特征。

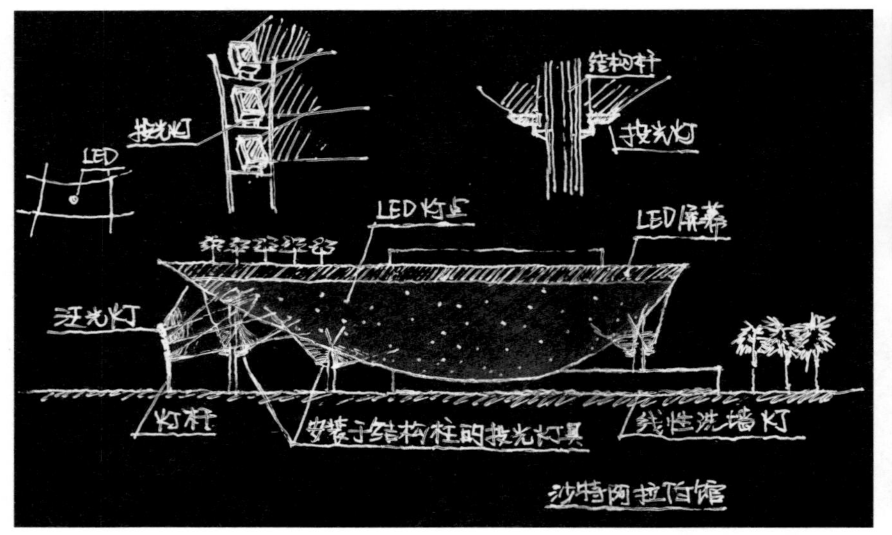

沙特阿拉伯馆照明速写

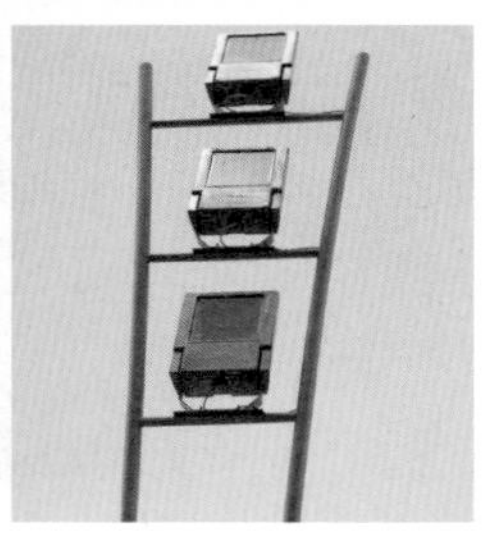

沙特阿拉伯馆泛光灯具

行驶在夜幕中的月亮船

沙特阿拉伯馆的整体外观为船为造型，夜景照明中亦相应地重点突出了月亮船的概念，在其照明设计中，如何将外观曲面铝板均匀的照亮是一个关键问题。结合建筑中的构件条件，以及投光灯具的安装位置和投射角度等实际因素，采取了内外两层的布灯方式，内层借助建筑结构柱，将投光灯具安装在人视线以上的位置，而外层则立灯柱，其上安装了三个泛光灯，均匀地将船的壳体的上侧照亮。并使用蓝色、黄色的 LED 灯点安装于铝板几何中心的位置，提升了视觉观赏性。在船体顶部还安装了一圈 LED 屏幕，以展示各种文字与图案内容，成为宣传沙特阿拉伯文化的窗口。地面与屋顶处 VIP 玻璃房的外装饰，采用了镂空 GCR 的伊斯兰纹样，除了利用内透照明的效果之外，还利用暖白色的线性埋地洗墙灯照亮了镂空的纹饰外墙。

沙特阿拉伯馆夜景

万众期待的珍宝影院

室内照明主要分为两部分：环形坡道的中庭展示空间和巨幕电影。环形坡道分为内外两圈，之间用金属帘隔开。外圈为上行，其外侧墙面的展示照明利用隐藏的线型灯具，很好地避免了眩光问题，也为地面提供了一定的照度。内圈为下行，顶部安装的灯具可根据照明的需要调整投射角度。环形坡道的顶部是巨幕影院的入口，影院内的展示照明都是通过投影来实现的。特别是内部 1600m^2 全球最大的 IMAX 屏幕，使用了 26 台高清投影设备，并且全部连接到中心控制室的 26 台电脑进行控制，构成一个强大的电脑处理系统，成为整个空间的核心。播放的内容配合建筑空间内巨大的斜向坡面，形成动态的展示，让参观者具有身临其境的视觉体验。

沙特阿拉伯馆室内照明效果

阿曼苏丹馆

Oman Pavilion

展馆位置：世博园A片区

场馆主题：阿曼——发现之旅

设计团队：阿曼苏丹国 Cityneon Middle East W.L.L.；

江苏顺通建设工程有限公司

调研分析：殷雯婷

阿曼馆位于中国国家馆的东南侧，巴基斯坦馆的南侧，建筑面积约 3420m²。

展馆建筑的设计概念

阿曼馆外形呈现出阿拉伯特色建筑风格，并与一艘现代风格的船头相连。展馆通过阿曼古城、沙漠之城、山川之城、海岸之城、首都马斯喀特以及 2020 年完全建成的蓝色城市等来体现在与自然和谐发展下，阿曼的过去、现在和未来的城市生活。阿曼馆主要有三个展厅组成：第一展厅展示阿曼的沙漠 - 群山 - 海洋到亚热带的地理特征和自然风光；第二展厅展示阿曼的社会文化遗产；第三展厅介绍阿曼人如何对待可持续发展和与自然和谐共处的态度和方式。

展馆建筑照明的分析与解读

外墙照明

阿曼馆外墙采用泛光灯和窗户内透光结合的照明方式。暖色泛光灯的投射让整个外墙面作为背景显得均匀且朦胧，加之窗户的内透灯光不仅点缀了窗扇，还将窗线条重点勾勒了出来，形成美妙的视觉效果。

展示照明

在馆中，功能性照明很弱，更加突出了“战士”的照明效果。展示照明设计中很好地隐藏了灯具本身，形成较好的视觉舒适感。

室内照明

阿曼苏丹馆外墙照明

阿联酋馆

United Arab Emirates Pavilion

展馆位置：世博园区浦东A片区
场馆主题：梦想的力量
设计团队：Foster + Partners Ltd.
上海现代设计集团华东建筑设计院有限公司
调研分析：杨秀

阿联酋馆的设计灵感来源于沙漠中的沙丘，建筑外观利用玫瑰金色的金属板材构建了三个沙丘，组成了阿联酋馆。

寂寞沙丘

阿联酋馆建筑外观为一个由空间曲面连绵交织形成的沙丘，形体复杂，且表面材料为不透明的金属板材。因此，实现“沙丘”在夜间也能被很好地照亮是一大挑战，在照明设计和调试中，曾试图采用 8 排投光灯对建筑进行投光照射，但是最终因难以避免的眩光和照明均匀性不佳等问题而被迫取消，仅在建筑下缘安装了一圈线性灯具。另外，室外的庭院照明也进行了特殊的设计，张拉膜的遮阳伞下一体化安装的 LED 线形灯具用来照亮遮阳伞，也提高了环境照度。室外庭院中的“鹰”、“骆驼”等雕塑利用了埋地灯进行照明，灯具设计中很好地解决了眩光问题，使得夜间室外空间更为简洁。庭院还安装有结合阿联酋传统文化的灯饰，在地面上形成了丰富的光影效果。在建筑的入口和出口的雨篷下方，嵌入安装了 RGB 的 LED 下照灯具，根据预设的程序在不同的颜色间进行变换，减少参观者排队等待时的乏味。

阿联酋馆室外照明

间接光塑造的高贵

在进入阿联酋馆之前就可以看到安装在玻璃后的竖向条状 LED 显示屏板，不停地显示阿联酋的介绍。在显示屏后方，还安装有 LED 灯具，以提高显示屏的背景亮度，并弱化亮度对比，从而尽可能提高视觉舒适度。室内展示共分三个展厅，所有的展示照明几乎都采用间接照明的方式。第一个展厅是一个小剧场，放映阿联酋的历史，小剧场中的天花、墙壁、座椅、踏步等都呈现“见光不见灯”之柔和的视觉效果；第二个展厅主要展示阿联酋的民俗，利用投影技术投射在立柱、悬挂在空中的方盒子以及周边的墙体处的投影面上，同时，还在天花上安装了 LED 灯阵，营造了星星点点的夜空效果，另外，利用色彩投影灯，投射在地面上，不断变化大小的方形色块，增加了展示空间的趣味性。第三个展厅是一个巨大的影院，该展厅采用了投影技术与 LED 灯光变化相结合，并且借助多种展示方式相互配合，达到了极好地视觉效果。

阿联酋馆第一展厅照明设计

阿联酋馆第二展厅照明设计

阿联酋馆第三展厅照明设计

哈萨克斯坦馆
Kazakhstan Pavilion

展馆位置：浦东A片区
场馆主题：阿斯塔纳-欧亚大陆的心脏
设计团队：哈萨克斯坦工业贸易部委员会
天津天咨拓维建筑设计有限公司
调研分析：秦添

新型外墙材料与照明设计相结合

哈萨克斯坦馆外墙立面以无纺麻纱布条为装饰材料，颇为吸引眼球。带有简洁几何图案的透明布条在微风中摇摆飘逸，别致另类不失时尚，折射出对东西方文化兼容并蓄的民族特色。大片无纺麻纱布恍若一只只风帆，为烈日下辛苦排队的游人们遮尘蔽日，缕缕阳光透过纱布漏向洁白膜面，投下锈色纱布片片叠错斑驳的影子，如梦似幻。新一代环保无纺布由定向或随机纤维构成，具有防潮透气、柔韧质轻、易分解、无毒无刺激等特点，且色彩丰富，价格低廉，可循环再利用。

麻纱布条缠绕于交叉钢肢之上，由膜材、钢索及支柱构成的张拉膜结构，利用钢索与支柱在膜材中导入张力达到稳定，实现各种张力自平衡且复杂生动的空间形式。日出日落之时，低入射角的光线更能凸显膜面曲率。太阳于远地点时，拱形边界在地界生动投射出有趣的弯影。入夜后多色亮丽灯光均洒，膜表面在光照下更觉剔透，其优越的光学性能得到充分展示。

新型材料与照明设计

生命之树绝美如“晶花”

在展览馆重要展区——阿斯塔纳广场区域中央放置了高度 12m、等比缩小、色彩不断变换的巴伊捷列克塔彩灯模型。被称作“生命之树”的巴伊捷列克为阿斯塔纳的标志性建筑，寄托着哈萨克斯坦人的期望。建筑全高 105m，乘坐电梯至 97m 观景台，可鸟瞰全城。塔顶置周长 22m 的“凤凰蛋”，表达哈萨克斯坦人期盼凤凰源源不断眷顾这块圣土的心愿，为他们带来好运与富足。哈萨克传说中存在一棵生命之树，它是一棵长在无边无际海洋中心岛屿之上的白杨树。神鸟 Samruk 飞上树杈下蛋，诞下太阳。然而每次龙都把蛋吃了，神鸟仍一次次飞来，昼夜交替，冬夏更换，便如此以现。

生命之树

中国香港馆

Hongkong，China Pavilion

展馆位置：世博园A片区
展馆主题：香港—无限城市，智能城市
设计团队：陈维正及施琪珊；金门建筑有限公司
调研分析：殷雯婷

中国香港馆位于中国馆南侧，属于 A 片区的核心区。中国香港馆主体占地 637m^2，高度约 18m，展馆建筑面积约 1390m^2，展览面积约 800m^2，主要分成三层展区。其结构为一座三层高的钢结构建筑，外表颇具现代感。

香港馆顶层绿化

展馆建筑的设计概念

与中国香港馆主题“无限城市，智能城市”相呼应，中国香港馆的设计概念是“无限空间”。该馆设计由一组大小不同的盒子组成，让人感觉如同密集的建筑群。底层的主题是“有形的联系”；中层的主题是“无形的联系”，利用上下镜面的反光物料制造成倒影，给人独特的通透之感，这也透射出香港蕴藏了无限想象和创意的空间；顶层的主题是“与自然的联系”，设置了顶层绿地、湿地和林区，其中还建有鸟屋。 另外，展馆中还有多项绿色节能设计，包括隔热降温的外墙皱折铝板、玻璃幕墙间的空气层、外墙穿孔铝板、太阳能光伏板、顶层绿化等。

展馆建筑照明的分析与解读

穿孔铝板的使用

中国香港馆外表皮采用穿孔铝板，在铝板和内部维护玻璃之间使用 LED 光源对铝板进行投射照明。这样，一方面可以让人们从外部看到从内部隐约透出的蓝光，起到表皮照明的效果；另一方面，也可以使室内的人感受到通过铝板反射回室内的蓝光，并且，穿孔铝板的应用在白天可以有效地控制自然光射入，平衡人工照明，使效果更加自然。

顶层绿化墙面照明

在顶层绿化墙面使用有正方形叠加图案肌理的磨砂玻璃，在暗淡的投射灯照射下呈现朦胧的神秘感。在这样朦胧的墙面上，又有星星点点的几个 LED 电光源，隐约和清晰的对比，衬托顶层绿化的浪漫的自然氛围。

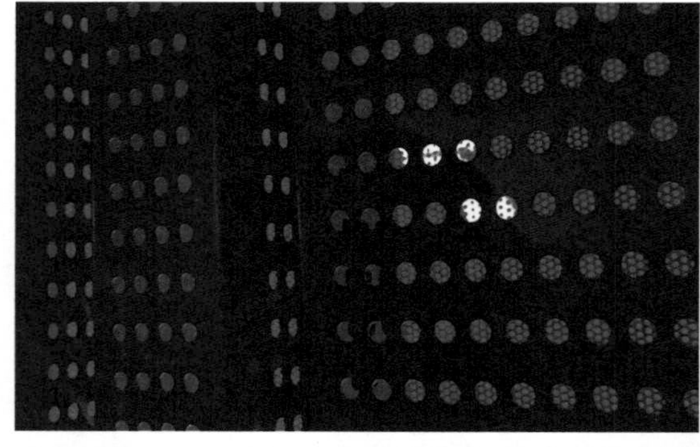

穿孔铝板内外照明效果

顶层绿化墙面照明

通透中层的镜像效果

在给人通透感的中层空间中，反光镜面的应用使整体视觉效果充满扩张力。

入口处的红色吊灯在不同立面镜面的作用下，让人感觉它们充斥着整个空间。顶层镜面让原本就狭长的光装置被拉长，更有视觉冲击力。

馆中大量运用了 LED 点光源，有些点光源由导光板隐藏起来，另一些则可被人们直接看到：灯带透明，并且光源亮度不是太亮，有效地消除了眩光的影响，在镜面的作用下，给人以星星点点的优雅感。

室内照明

越南馆

Vietnam Pavilion

展馆位置：世博浦东A片区
场馆主题：河内——升龙一千年
调研分析：杨秀

越南馆建筑室内外大量采用可再生的竹子为主要建材，彰显越南悠久的历史文化以及在环境保护与城市发展方面的独特智慧。外观波浪形的竹子外墙使人联想起蜿蜒的河流，既美观大方又能起到遮阳效果，减少太阳辐射热。

越南馆展示大厅照明效果

光塑竹波浪

越南馆是外观采用竹条编制而成的矩形建筑，整个建筑自上而下由三段“波浪”组成。照明设计中，通过在竹条背后安装小型投光灯具以形成剪影的视觉效果，在每层“波浪”的上下均安装有灯具进行上下投射。

水晶灯装点的素雅

越南馆室内装饰多采用竹子这一材料，柱子、墙面、天花、拱券等建筑构件都是采用竹子编制而成。在室内空间中还安装了水晶吊灯装饰整个空间，体现出了典雅的室内视觉效果。另外，室内环境照明主要采用了间接照明的方式，室内立柱的每个面都安装一个向上的投光灯具，安装高度高于人眼的视看高度，有效地避免了眩光。

越南馆中运用竹材料得到的照明效果

斯里兰卡馆

Sri Lanka Pavilion

展馆位置：世博园A片区
场馆主题：传统到现代的转变
调研分析：殷雯婷

斯里兰卡馆馆内四周用国旗装点，重点展示五座历史城市，让人们了解其历史文化及他们是如何保护文化遗产的。

展馆建筑照明的分析与解读

金色与灯光的结合

斯里兰卡馆馆内，用金碧辉煌来形容再贴切不过。在入口顶部，有许多盏金色内胆的花灯照射，虽有眩光，但视觉效果浪漫。进入内部，金色为主色的装饰风格也让整体的室内照明明亮而温暖。

韩国馆

Republic of Korea Pavilion

展馆位置：浦东A片区
场馆主题：和谐城市，多彩生活
调研分析：廖宇航

凝固的韩文，灯光的后现代

韩国馆的建筑外部照明将“韩国文字”的这些符号性格恰当地勾画了出来，而内部照明则诠释了韩式文化精髓，实现了照明空间体量化的设计。最有特色的是韩国馆把灯光元素融入明暗数字媒体界面变化当中，通过 LED 灯光对建筑的表皮材料进行投射，形成斑驳的光影变换，展示了动态的视觉功效。

立体“韩文”在表皮材料之后进行LED灯具投光而形成光影变换，展示了动态的视觉功效

媒体界面诠释建筑理念

韩国馆以韩国文字作为建筑的外观设计，鸟瞰韩国馆，会发现展馆的整体造型是由几个硕大的韩文字母连接而成的。近看外墙，其表皮被刻成为无数凹凸有致的镂空韩文字母。这一符号化的象征元素，通过凝固的韩文集体隐喻了韩国文化的独立性。照明方式强化了建筑作为象征符号的概念植入，从落在表皮上的光线让这些凹凸有致的韩文字母成为灯光剪影效果，使得建筑表皮充满动感。

毫无疑问 LED 在这个建筑的照明艺术中充当了主角。韩国馆的照明设计可以总结为以建筑构件作为建筑化像素的载体与 LED 光源的结合。灯光媒体界面首先通过平面形成像素，进而通过多层化的组合方式构成最终的媒体界面。这个“立体化”的媒体界面构造系统是由均质 LED 基层、玻璃介质层以及镂空铝板图像承载层构成。LED 基层是由 LED 发光点阵构成 LED 屏幕明暗变幻的动画并与玻璃的质感形成的图案，进行有机结合，再经过铝板的镂空产生韩文的跳跃、明晰、强烈的动感，达到不断强化与暗示的效果。而光承载层使用钢板刻模压制出镂空的韩文，铁皮本身不透光，镂空部分呈现出韩文的轮廓，使其凹凸有效地呈现出大小不一的孔洞。当对像素层面进行明暗统一调控后，光线从背面透过镂空射出，最终在表皮上呈现出韩文的剪影烙印。

夜景照明

"和"、"情"、"越"演绎室内光影空间

"廊"：廊是韩文字母中的长形笔画，在内部体现为纵向空间。照明在这里由两部分共同完成：屏幕本身的光和天花顶上的吸顶灯。一系列折板的液晶显示屏沿着廊道的两侧竖向排列，液晶显示屏幕呈现韩国平民文化的展览，中间廊道的照明方式为顶部，向下投光，白色的节能灯具被嵌入在一条黑色的天花板的凹槽中，向下照射，凹槽本身也是线型的，这里的投光灯平时都是关闭的，因为液晶显示屏本身就已经满足展览所需要的照度了。值得一提的是，虽然这里的光照度满足了基本的安全光照，但是游览过程中时，在这个空间中的心理层面上还是感觉有一丝丝的不安，这样的光源似乎过于幽暗了。

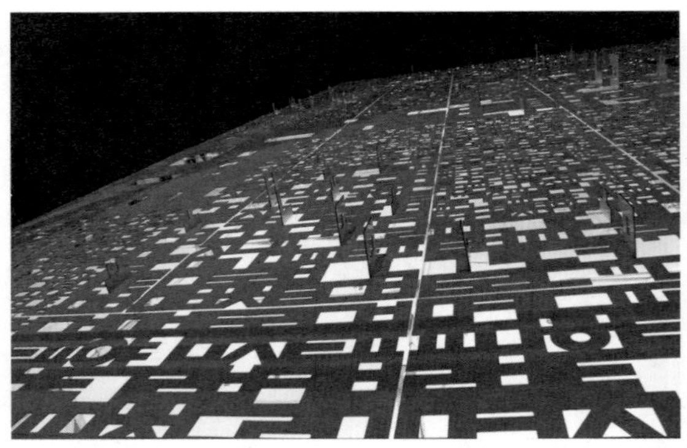

绿色光纤维制作的"3D数字森林"

"和"：从廊道的长形纵深空间进入以"和"文化为主题的点状体验空间，在这两个空间之间的部分采用了天顶投射的重点照明来实现过渡。一束点光源直接打在墙面"你的朋友，大韩民国"几个字上。接着便转向绿色舒缓的科技体验空间，该空间是一个面积偏小的点状空间，但是净空又很高，因此为了缓和这种天井高差的不舒适感，天顶上悬挂着密集的草绿色帷幔。长形节能灯管固定挂在每一片帷幔之上的网状吊顶上，光线沿着帷幔缓缓洒落，形成退晕。这里内部空间展览有三个部分：用手指在触摸屏幕上进行组装自行车的科技体验；用双手触摸屏幕然后沿着屏幕向上拉起以带动树木之生长以及由解说员带着大家体验首尔的清溪川的改建，这些部分都笼罩在绿色光帷幔下，形成强烈的绿色暗示，提升其科技政通人"和"的文化理念。

室内照明

朝鲜馆

DPRK pavilion

展馆位置：世博园区A片区
场馆主题：人民的乐园
调研分析：廖宇航

红蓝国旗色

外部照明：朝鲜馆由一高一低两组建筑组成，分别为低的裙楼部分的矩形展厅以及高的塔式地标部分。照明在外部空间主要表现为两盏LED 高杆灯从塔式墙体的顶部伸出向下照明，光照在这里照亮了墙面上的一面巨大的朝鲜国旗。

水下埋地灯的黄色和绿色光源强调了雕塑的轮廓

内部照明：朝鲜馆的内部为一个净高大概为4m 的方形空间，整个空间将国旗的红色和蓝色作为背景色。展示空间分为文化遗产展示区、主题思想塔背景区以及纪念品销售区，因此展馆没有统一的环境照明。照明主要根据三个功能分区分别设计了几种照明场景。比如以思想塔为前景，巨幅平壤图画为背景的纪念性空间应用了对称配光的灯具和 9 盏节能射灯向下投光；销售部分在展台上固定若干盏适合展示照明的小节能灯以满足挑选的需求。其过渡空间则运用了水与光的交互作用的动感元素。一个以儿童为题材的喷泉，将室外水景灯光的效果移植到了室内，水下埋地灯的黄色和绿色光源强调了雕塑的轮廓，使得整个水景呈现出动人的表现力。

室内外夜景照明

黎巴嫩馆

Lebanon Pavilion

展馆位置：浦东A片区
场馆主题：会讲故事的城市
调研分析：廖宇航

讲述之城

黎巴嫩的布展理念为“会讲故事的城市”，展馆本身并没有对外观进行整体照明设计。室外广场的环境灯光照亮了黎巴嫩馆红色的外立面。其内部设计主要展示人文风俗、自然风光及历史古迹，讲述古老城市的发展历程。

黎巴嫩展馆的内部分为上下层两个展区，上下空间贯通。节能灯被悬挂在铝合金网状吊顶之中，通过布置的几盏筒灯，基本满足了整个上下层的照明需求。

下层展区采用了艺术画廊的设计手法。室内只在两层高的顶部放置了筒灯，灯光并没有像对待一件艺术品那样来处理展品的细节。因此，这里的经历给人的感觉仿佛是在进行一种阅读。

在入口处展馆选择用石棺来向文化致敬，而这也归功于场景中灯光的周到考虑。展品阿希雷姆国王石棺上的腓尼基字母公认为是希伯来文、希腊文及拉丁文的始祖，石棺的布置于是形成一种文化归属的自我暗示。对石棺这件展品的照明采用了间接照明，五盏暖光源射灯被放置于石棺之下向上斜射来突出石棺本身的浮雕感。石棺背后放置黑色背景墙，有效地阻止了其他光源对这份含蓄的影响。

室内照明

摩洛哥馆

Morocco Pavilion

展馆位置：浦东A片区
场馆主题：摩洛哥城市居民的生活艺术
调研分析：廖宇航

华灯舞步、宫廷夜宴

游走在摩洛哥的世博展馆内宛如体验一座阿拉伯世界的宫殿，其中的中东风情摇曳生姿，这得益于灯光设计对场馆建筑主体和各个构件在形式、材质、环境、情节和色彩方面的解读与呈现。光影在这当中传递给游人摩洛哥中东古国的文明古韵。

投射灯落在蓝色马赛克包裹的列柱上，间接的光照让柱体的曲线呈现出鲜艳的古典退晕

传统光照方式演绎光与形的外在，描述灯与情的内涵

摩洛哥展馆用传统光照方式向我们展示了夜间的奢华与隆重。光影的交流传递了文明与神秘的共鸣。展馆内虽然没有高科技的LED媒体界面，但是整体光照环境协调统一，完整的表达出了摩洛哥城市居民生活艺术主题。

设计师用方形来强调平面和空间设计，尝试用一种对称的和谐，来体现稳定、平衡和匀称。水景区水下埋地灯对环境的照明体现了均衡的厚重感。内部一层空间被拱形廊柱分为中庭和外廊，方形中庭通过营造异域风情的场景照明来复原果树、水池和喷泉组成的安达卢西亚花园风貌。外廊部分则采用了博物馆类型的展示照明来重点体现摩洛哥传统文物。内部二层空间被划分为街道部分和若干个独立的手工艺门面，街道部分采用对称的垂直照明，而独立的小门面内通过采用均匀向下投光来展示手工艺物件。内部三层空间用大弧度的大液晶显示屏演示摩洛哥的旅游和现代工业胜景。

夜景照明

伊朗馆

Iran Pavilion

展馆位置：世博园A片区
展馆主题：城市多元文化的融合
调研分析：廖宇航

照明解读

伊朗展厅内的灯具安放在外廊区以及骑楼区的天顶部分，利用紫色和黄色等不同的光源进行漫反射。不同的光色从洞中透出，与墙体的暗面形成虚实对比。从外部空间看向伊朗馆，仿佛一盏走马灯，有一种通透玲珑的复古感。

土库曼斯坦馆

Turkmenistan Pavilion

展馆位置：世博园A片区
调研分析：殷雯婷

展馆建筑照明的分析与解读

双层玻璃薄膜的外层材料

建筑采用了土库曼斯坦传统装饰图案为基础编织而成的建筑表皮。该表皮运用了 LED 与半透明材料的结合，形成了具有数字化特征的媒体立面，其展示的内容可随时变化，以达到丰富的视觉效果。

亚洲广场

Asia Square

广场位置：浦东A片区
设计团队：林选泉等
调研分析：秦添

错落有致，低调优雅

约 5000m^2 的亚洲广场用水墨元素形成黑白灰的空间，用竹阵、竹伞构成内敛含蓄的东方空间体验。广场内核心空间设置约 180m^2 尽端式舞台，上有临时遮阳避雨顶棚，实行 184 天通期制，每天有固定时间进行表演，内容包括亚洲民族风情歌舞秀、亚洲各国主题活动 show 以及户外音乐会、演唱会等。

高达 35m 的世博柱于广场擎天而立，公誉为“世博会最高最亮标志性建筑”的 LOGO 光柱犹如夜色中绽放的点点璀璨星光，成为光影盛宴中一道独特灵动的风景线。全彩点光源上下包裹全柱，打造出七彩缤纷的景观灯景。单盏功率 120W 的 LED 投光灯位于柱身中部，它取代以往传统的 250W 金卤灯，节能超过 50%。夜幕降临，它便通过感光系统自动发光，以优雅低调的姿态在 184 个夜晚沉静地发光，顺利完成“光明使命”，全程无一“罢工”。

LED发光文字不停变换各种颜色，为人们表演一支活力四射的光之舞蹈。

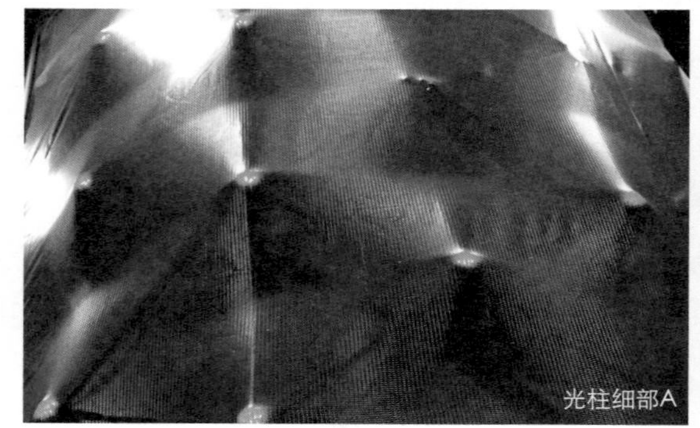
光柱细部A

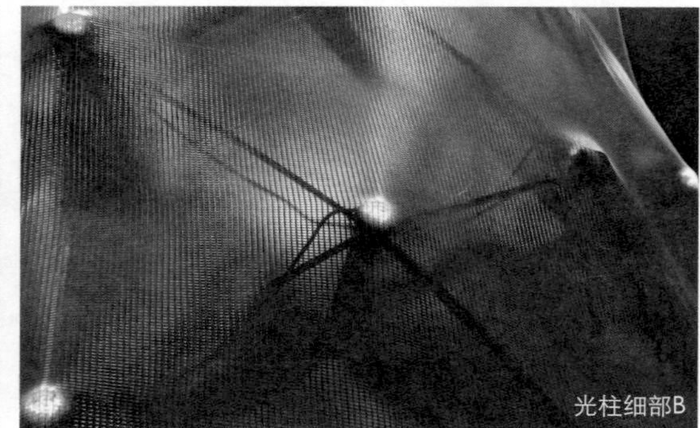
光柱细部B

舞台照明绚烂多彩

亚洲广场舞台照明是夜色下全场最为壮丽之视点，设计师们将舞台灯安装位控制在毫米精度，力求营含蓄柔美的光影效果。广场照明配合舞台观演而明暗有致，与舞台灯呼应融合。

台顶大型灯栅升降吊架安置各种节能高效、显色性极佳大功率 LED 聚光、散射投光灯，五排顶光从上部进行布光，射向中后场表演区的歌舞者，并可根据场景需要自由组合红、黄、蓝、绿、白及水红六种光色，光色叠加下制造出瞬息万变的光影效果。运用 DMX512 数字信号网络技术实现大型灯光系统的数字化集中控制，技术高度集成的一体化操控数字调光台实现准确无误的照明控制。投影幻灯将富抽象艺术感 LOGO 光画投射于幕景之上，参错出精致，柔净白光透溢着灵动，美轮美奂。

舞台照明设计

景观照明设计

广场中的绿化将光源直接置于受照竹林中，将灯、景一体化，有心地将投光灯具制作成犁头形式，看似随意地倒放于林中泥土，高压汞灯白光从犁斗中散向竹林，光晕效果明显。犁头倒向外，使盛放光源的斗具成为天然遮光罩，防止灯光射向人眼造成眩光。

广场中的 LED 指路牌制作精巧，设有自动开关装置，使用亚克力面板、LED 光源的超薄吸塑灯箱，采用立体发光字加工技术，透光性甚好，远视效果清晰，抗压强度高。当路标设置于竹阵景观时，柔和的白光融入整体绿化照明设计之中，功能性与艺术性结合完美，成为园区夜景中幽雅一隅。

景观照明设计

LED 花树，舞动的精灵

亚洲广场高架步道前近亚联馆二侧有处疏为人知的绝美一隅。数根开花 LED 光树始于黑夜中静静起舞，七彩变幻。这组极富创意的照明装置艺术点亮夜光下的街景，模拟自然界中生物的自然生长形态，变身为世博园中最奇异的弹性生命，通过光色、亮度、色温及明暗变化进行系统的数字化控制，制造流动变化的光影与游客心灵互动。

舞动的LED花树

亩中山水园

Chinese Garden

展馆位置：浦东A片区

展馆主题：既能展示中国的文化遗产又能够展现当代性，体现出稳重、大气和富有现代视野的中国园林

建筑设计单位：

ECOLAND易兰规划设计事务所

“曲径灯幽”

亩中山水园是世博园的沿江公园的一部分，位于黄浦江南岸，世博轴东侧。园林设计以“亩”为单位，融“缩千里江山于方寸”的情景和意蕴，塑造了师法自然的中式古典园林风格。灯光的规划突出一个“幽”字：不管是静谧幽雅的竹林，还是深藏其中的富于传统韵味的九亩园林，灯光均通过“幽静”“幽然”“幽趣”等夜景表现手法来渲染曲径、凝木、碧水、雕梁的安然禅意。游憩空间通过灯光的重点照明的“点”、结合游憩路线的“线”铺陈串联，通过步移景异的近景照明营造诠释景观环境细节和意境。

亩中山水园——曲径灯幽

“幽然”的植物绿化照明

园林中植物绿化的照明处理上，对于地被及草本植物给予弱化的光照处理，并通过各种高低不同、外观不同的照明灯具在形态、明暗上的结合，来重点照明灌木和小乔木，形成丛植“幽静”、“安然”的夜间观赏效果。对于大乔木的照明方式，则采取了局部投光照明结合月光照明效果的处理，使绿色植物呈现“夜色如幽”的丰富静谧感。

“幽趣”的构筑及小品照明

园内的构筑物主要有中国传统建筑的楼阁、园路、栈桥、假山等。设计将灯具隐匿于楼阁的构件内侧向顶部投射白光，强调内敛的照明效果。同时，在建筑不同的部位配合不同的材质，采用不同色温照明来加以区别，增强建筑形体塑造。以照亮栈桥为主线，人们在水边游憩、观赏时具有宁静典雅的氛围感受。园路设置埋地灯，通过不同的色温变化来创造不同的滨水景观氛围。各种若隐若现的灯具和光照将建筑编织得“幽”、“趣”横生。

荷香馆通过藏于梁间的灯具的光照效果来体现建筑细部的通透感

“幽静”的环境及节点照明

水不在深，有幽则灵，湖不在宽，有静则怡，园林的中心区以湖水为主景区，环绕布置了楼阁、栈桥、园路、植物造景。因此夜景的设计主要以大范围的投光照明、局部投光照明为主，同时辅助剪影照明和月光照明效果等多种树木照明方式，有机的组合应用使得园区内的夜景丰富而有层次，多样而总体协调。安静的水面，幽深的空间，在灯光的缓缓倾泻下跃然水墨生姿。

A片区道路照明

Roads in A Area

A片区道路：世博大道
博成路
高架步道
国展路
白莲泾路
高科西路
云台路

各道路照明的分析与解读

世博大道

世博大道车行道两侧都采用双头灯来同时保障车行道和步行道的照度。在交叉路口，加设了中杆灯具，保证了交叉路口均匀照明的同时，也增加了整体照度，充分考虑到安全性的因素。

车行道的路面平均照度，经测量，总体范围在 40lx 至 100lx 之间，照度均匀，效果良好。

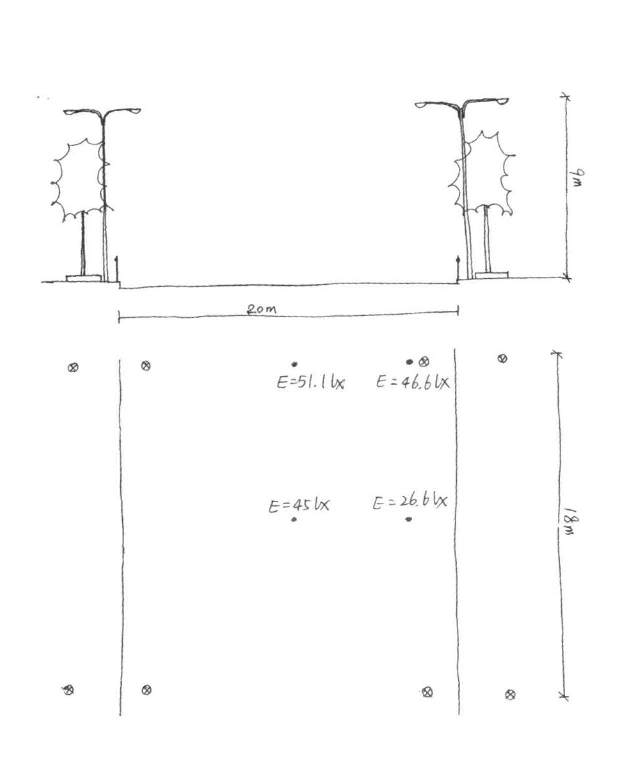

云台路

在云台路上，车行道的照明采用单侧车道灯，在马路靠中国馆的另一边，采用 3m 高的步道灯照亮人行道。同时，在此步道灯上，加设投射灯来打亮中国馆沿路的建筑立面。

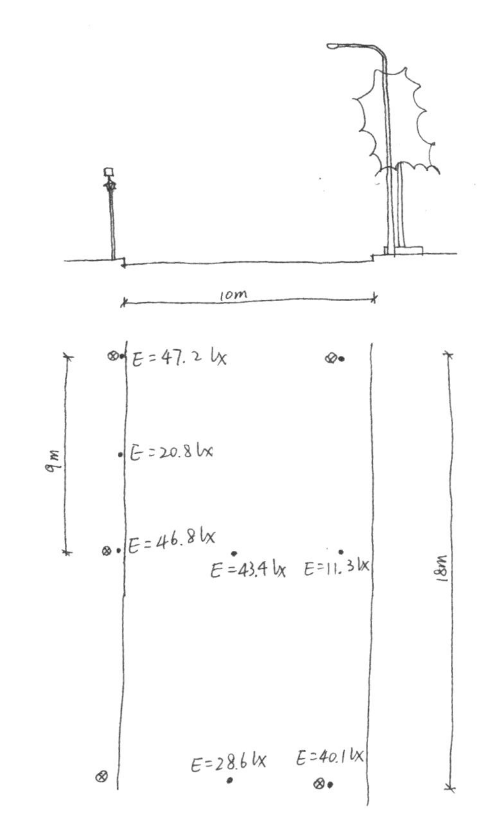

博成路

在博成路上，有部分路段上层被高架步道所覆盖，因此属于高架步道下的空间。这部分的照明分析详见“高架步道”部分。

在未被高架步道覆盖的路段，路面照度范围在 30lx 至 70lx 之间。整体路面照度充足且均匀，满足功能性照明的要求。

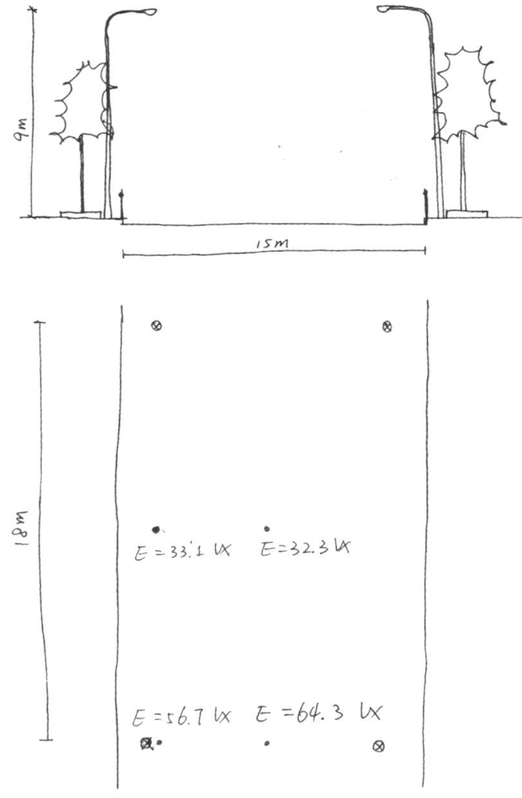

高科西路

车行道高科西路的照明范围在 25lx 至 50lx 之间。整体路面照明较均匀，照度也能保证车辆的正常行进 .

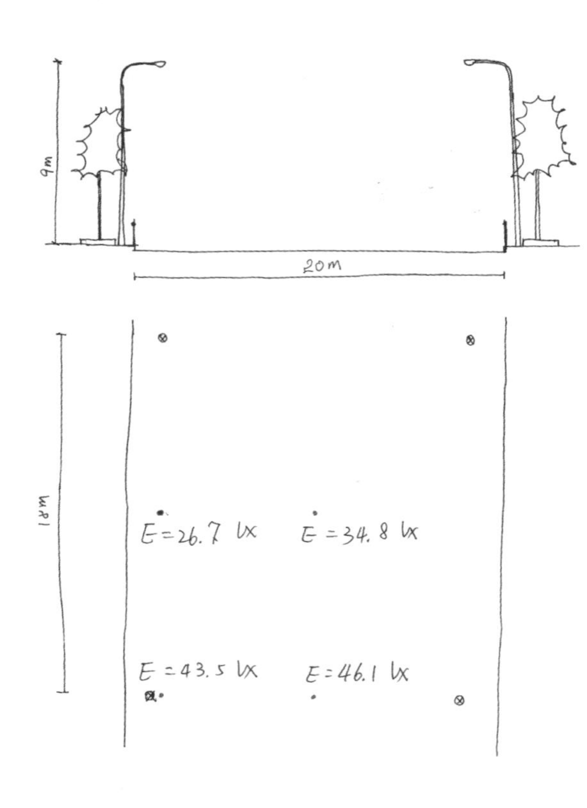

国展路

车行道国展路的照明范围在 30lx 至 100lx 之间。由于有树遮挡，因此路边有阴影，但总体来说，并不影响车辆的行进，满足功能需求。

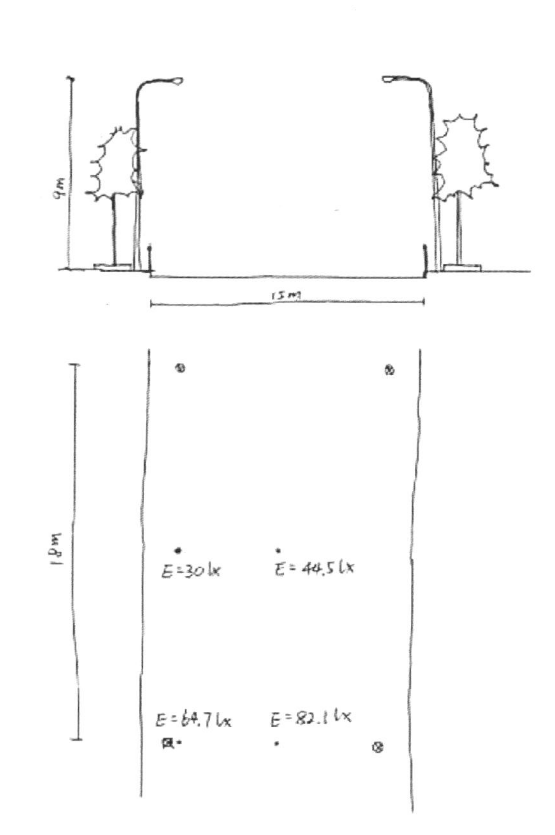

白莲泾路

白莲泾路车行道的路面照度范围在 25lx 至 60lx 之间。整体路面照明较均匀，照度也能保证车辆的正常行进。

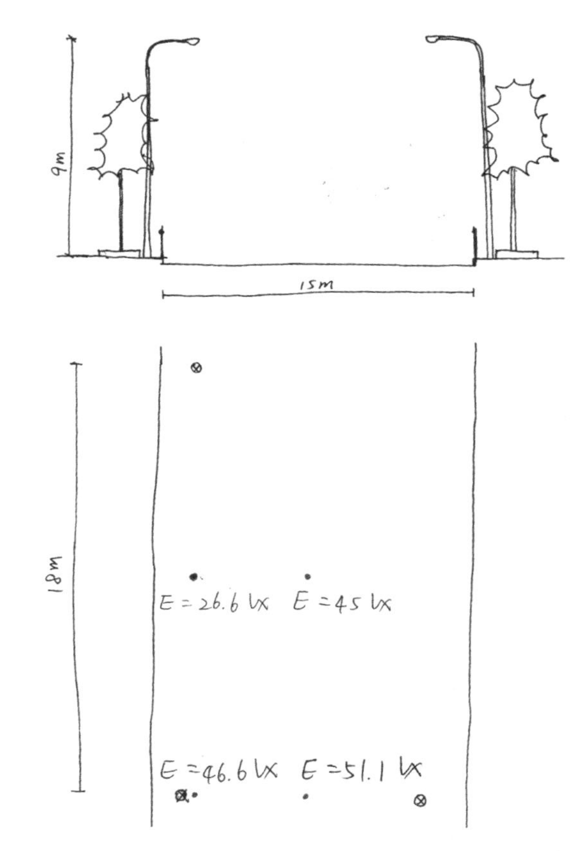

高架步道

在此部分讨论的高架步道空间包括高架步道的上层空间和高架步道的下方所覆盖的路面空间。

在高架步道的上方，路面总体照度范围在15lx至50lx之间。在右图中所画的是高架布道上方丁字路口的部分，路面水平照度在20lx左右。由此可以看出，在高架步道的上层步行道空间，其照明设计良好，总体视觉舒适度也不错。

在高架步道所覆盖的下层步行空间，主要由架在高架立柱上的灯具进行照射。在此空间进行的数据测量得到的大致照度水平在10lx，有一些地方在2lx以下。这样的照度无法较好满足一个步行空间的功能需求，同时，其照度也不够均匀。总体而言，照明效果不甚满意。

另外，在调研过程中，发现每根柱子上都有4个照射路面的灯具，但在实际使用中，有相当多的情况是每根柱子上有1至2盏灯未亮。

高架步行道上层空间

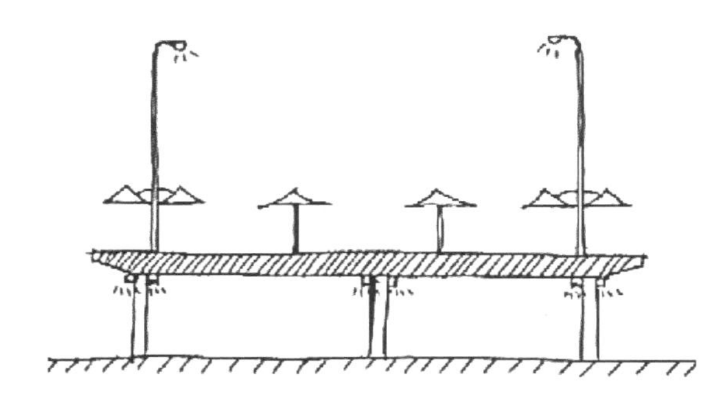

高架底部放在柱子上的灯

高架步行道上层空间

B 片区

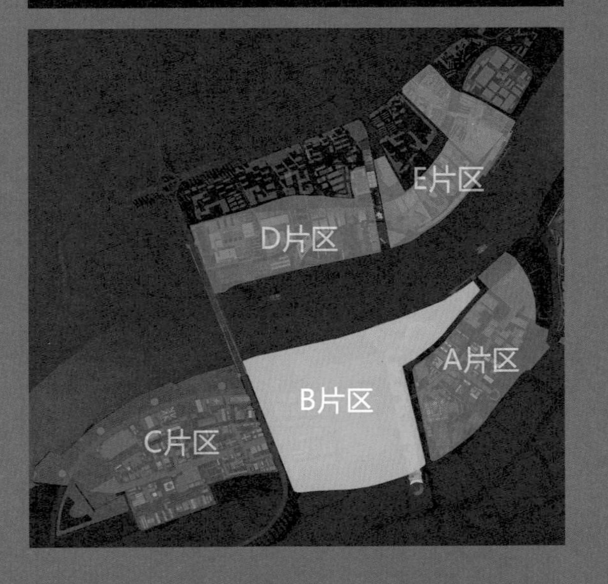

世博轴

Expo Boulevard

展馆位置：浦东B片区
设计团队：德国SBA公司
上海现代设计集团华东建筑设计研究院有限公司
上海广茂达科技股份有限公司
调研分析：杨秀

世博轴是 2010 上海世博会中“一轴四馆”最重要的永久建筑之一，它是世博会最大的单体建筑，也是世博会主入口和主轴线，地上主体建筑主要由 10m 标高平台，六个阳光谷以及水波状张拉膜构成，南北向长 1000 多 m，东西向宽 80m。世博会期间，它不仅承担着世博园区商业及交通综合体的功能，还是夜间景观最重要的构成要素之一。世博会后，该建筑还将承担着重要的城市角色，将成为新的城市地标和市民夜间活动的重要场所，是上海都市空间景观和城市交通的重要组成部分。

世博轴及其周边建筑关系

展馆建筑照明的分析与解读

世博轴功能性照明

世博轴 840m 长的张拉膜采用 PTFE 膜结构，构成宏大的动感水波，其光学特性为：反射率 70%，透光率 10%。该部分照明设计中，在张拉膜下方桅杆高于人眼水平视线处，设置有灯具安装支架，放置了全彩 LED 投光灯，均匀打亮膜中心区域，结合平台两侧功能性房间屋顶上布置的高显色性陶瓷金卤投光灯，均匀打亮内膜两侧区域，使得 10m 平台主要人行区域地面平均照度达 85lx。

10m平台上的功能性照明

阳光谷部分采用钢结构幕墙构造，LED 星光灯直接安装于结构骨架的交接处，并在 PVC 管内走线，因灯具和 PVC 管尺寸不大以及沿着结构骨架走线，中远视点范围内视觉效果较好，但近视点感觉相对粗糙，如能在设计之初在结构骨架中预留线路则最终效果将更好。另外，LED 星光灯每个灯具功率为 3W，实际效果中灯具表面亮度较高，亮度对比度过大，特别是近人视点时，产生较大眩光，从而造成不舒适感。

在世博轴北侧庆典广场上还布置有呈“2010 EXPO”图案的装饰性灯光地砖和 LED 压力感应砖，既体现了科技的创新应用，又为场地增添了互动的趣味。压力感应地砖利用视觉、压力、声音多维交互控制技术，增加了趣味性和游客的参与性。受到人的压力后即可点亮地转，在其上行走，则有如影随行的效果。

LED星发光灯夜景效果

LED星发光灯白天效果

压力感应LED发光地砖

装饰性LED发光地砖

世博轴艺术性照明

世博轴照明的艺术性主要体现在阳光谷和张拉膜两部分。阳光谷部分采用了太阳能 LED 星光灯，其中主视点的 1、6 号阳光谷还通过加密星光灯，结合 LED 数字媒体播放技术，实现实时播放各种文字、图像、视频等媒体信息和媒体艺术作品，使中远视点外都能达到较好的夜间视觉效果。根据季节、主题和节日等内容设计了不同的艺术灯光场景，如在世博会开幕日，演奏了宏大的、极为热烈的开幕场景。但是其过多的动态彩色光变化可能会对视觉舒适度和视觉健康等方面带来不良的影响。

张拉膜部分的照明设计采用的定制灯具支架，可三维调节投光角度和方向，灯具安装在人视线范围以上，避免了对人眼直射的眩光，还能满足张拉膜色彩均匀变化的要求，以实现整体的变换效果。

世博轴夜景照明艺术效果

世博会主题馆

Expo Theme Pavilions

展馆位置：B片区
场馆主题："城市人"、"城市生命"
"城市星球"
调研分析：林怡

设计亮点

世博主题馆位于世博园核心区，间隔世博轴，与中国馆遥相呼应。但与中国馆的超尺度视觉震撼不同，主题馆刻意营造了一种雅致、内敛的建筑格调。相应的，其夜景照明风格也与之配合，通过色彩、亮度、照明方式、建筑一体化等多个方面的精心设计表达出海派建筑精致而细腻、自律而不张扬的典型海派文化特质。

主题馆造型特征鲜明，其南北两侧出挑20m的超大屋檐、东西双面近4000m^{2}的垂直生态绿化墙以及虚实渐变的南北立面，结合有太阳能电池板“里弄”肌理的近3万m^{2}的板式屋面，都已成为其极具标志性的建筑特征，也成为主题馆建筑外观照明设计的主要表现对象。

室外照明

以主题馆的建筑外观照明可以看出，建筑设计团队对于建筑整体性和完成度的良好把控，较完美地实现了建筑一体化设计，在灯具与建筑构件（幕墙）整合设计方面尤为突出。

主题馆的东西立面是大面积实体墙，采用了垂直绿化的建筑表皮形式以柔化空间界面。在斜交的幕墙格构间种植不同品种的小灌木，形成与南北立面呼应的由下至上渐变效果，成为达 5000m^2 的“城市绿篱”。此立面的夜景照明采用随机排列的全彩 LED 装饰灯具镶嵌于摇曳的植物中。为此，定制的 LED 装饰灯具为配合幕墙格构形式与尺寸而设计成菱形，安装于格构的交点处，并请幕墙公司专门设计了覆盖于格构上的铝合金装饰扣板用于照明电缆的安装，最终形成完美而精致的一体化垂直绿化墙面系统。白天几乎找不到灯具；夜幕来临后，LED 装饰灯的闪烁如夜空繁星或林间萤虫，整体的色彩变化又寓意着季节的变化，诠释了人与自然的互动。

南北立面是夜景照明表现最为重要的一个面。照明设计依托南北立面疏密向上递减的幕墙镂空孔，在其下方布置不同规格的全彩 LED 线形洗墙灯，强调立面照明的节奏感。灯具安装在双层幕墙镂空不锈钢遮阳板和中空釉点玻璃间 180mm 的空隙内。灯光柔和地照亮每一个四方形的釉点玻璃，并通过控制设计，产生光色的渐变，并形成长达 288m 的媒体立面。虽产生的是较低像素的图形效果，在世博园区并不罕见。但对于世博主题馆这个超大体量建筑，如此尺度的媒体立面却是更为符合其建筑属性及特点的。远在 100m 外高架步道上的游客，主题馆建筑南北立面全景映入眼帘，可感到中国世博会大尺度的震撼；而对于近距离的参观者，缓缓变化的图像却不曾带来任何视觉干扰。设计团队难能可贵的设计把握度由此可见一斑。

室内照明

主题馆公共空间部分的天然采光设计令人印象深刻。进深百米的建筑内部采光主要依靠屋面的菱形天窗来增加室内纵深范围的照明。为避免眩光及过度照明，采用了半透太阳能组件板、屋面透明玻璃顶棚和漫反射遮阳膜的多层次采光界面，在引入充足的自然光的同时，也创造了更丰富的光影对比；而南北侧立面上分布的开口，尺寸自下而上逐渐变小，配合天窗形成相对均匀的室内空间自然光环境。

主题馆内设有城市人馆、城市生命馆和城市地球馆三个世博主体展览。展馆内的展示照明广泛地采用了 LED 光源，充分利用彩色光照明进行氛围的烘托，恰如其分的色彩变化进一步强化了展示内容，塑造了展示空间，同时更传达出生态环保的展示理念。LED 作为主要照明光源在这些大尺度的展示空间构成中起到了不可或缺的作用。

世博文化中心

Expo Culture Center

展馆位置：B片区
调研分析：林怡

设计亮点

世博文化中心位于世博园与黄浦江比邻的核心区域，是一个集文化体育、综合演艺、艺术展示、时尚娱乐于一体的文化集聚场所。世博文化中心采用了“飞碟”形的外观，极具未来感。它在保证强烈的建筑个性的同时，与滨水环境和谐共生，体现出强烈的文化性和时代感，为世界呈现出一个永不落幕的城市舞台。

室外照明

世博文化中心的夜景照明设计为强化建筑设计理念，突出“太空来客”的未来感，着重投光表现“飞碟”的光洁圆滑的壳体，并配合壳体表面开启的圆形窗以及中部环廊的内透照明效果，创造出了一个在浦江边散发出充满时代活力光芒的地标建筑形象。

世博文化中心最初的设计概念是希望将“飞碟”的上下两部分壳体都照亮的，但由于场地、日间景观、照明能耗等多方面因素的综合考量，只保留了下壳部分的投光照明。上壳则主要通过表面开启的圆形窗的内透光表现。在园区中游走，世博文化中心呈现出两种不同的景观效果。一是在文化中心周边广场上行走的游人，主要看到的是文化中心的下壳。明亮的白光投射下，配合中部环廊的暖色调内透光，文化中心呈现出令人振奋的、蓬勃而富有活力的建筑形象；而当人们沿着世博轴向北走，从较高的视点遥看世博文化中心时，上壳成为视觉重点。散布于上壳面的四百多个圆形窗在电脑的整体控制下产生舒缓的色彩流动变化，在繁闹的世博园区里表现出另一派令人沉醉的景象。

略有遗憾的是，由于文化中心壳体表面材质的高反射性，使得部分灯具的发光面在壳体上产生一些镜像效果，也使得投光的均匀度没能完全达到预期的效果。

文化中心户外的 LED 步道灯具采用了与文化中心建筑造型相仿的“飞碟”外形，并通过环状侧向布置 LED 实现上下出光的照明效果。在起到功能性照明的同时还兼具一定的装饰效果。

室内照明

与其他世博展馆以展示功能为主不同，世博文化中心室内照明是一个功能复杂的综合体，其建筑功能繁多、流线复杂、空间性质差异很大，这也决定了其室内照明氛围也随着室内空间的功能变化而有较大差异。

南入口和西入口两个大门厅是世博文化中心最为开敞的部分。因此，门厅室内照明不仅要塑造门厅空间，而且对建筑外部的夜景观效果也要起到一定的影响作用。大厅的总体照明采用了4000K偏暖的白光，与外立面照明采用的偏冷的中性白光产生对比，突出了入口所在。加之大厅背景墙面的大尺度“LED数字媒体艺术界面”呈现的色彩绚烂的动态画面，更进一步增加了两个大厅的视觉吸引力。

大厅采用了直接照明与间接照明结合的方式，采用为数不多的几盏暖光色下照灯具在入口区域地面形成成行的圆形光晕，打破了地面原有的单调和平淡，也形成一定的场所感。配合安装于入口立面结构桁架上的投光灯向上打亮顶部钢结构，突出了建筑自身特点，避免了形成通过性空间的视觉感觉，进而创造出一种舒适、柔和的光环境氛围。

围绕着核心剧场的公共环廊则是形态较为狭长，相对单纯的疏散空间。三层通道侧墙采用的是冷色调的深蓝色墙漆饰面，此处使用高色温的冷白光；而在其他层面环廊则配合室内装饰又适当调整了照明的色调。

入口大厅的两个“LED数字媒体艺术界面”装置——“绽放”和“东方之梦”，通过在普通的LED显示屏前增加光介质层和图像承载层，从而改变直白的数字图像，形成更丰富、更奇幻的视觉表现。这两个装置分别采用了刻纹马口铁和白色、黑色半透明塑料薄膜（实际使用了黑白垃圾袋）作为光介质层，同样的视频文件产生了完全不同的艺术效果，一个如太阳光晕般绽放，另一个则如中国水墨画般相互渗晕开。这两个艺术装置已成为世博园区内众多媒体界面中最富韵味，也最为印象深刻的艺术作品之一，成为世博观众最为喜爱的留影地。

世博中心

Expo Center

展馆位置：浦东B片区

设计团队：上海现代设计集团华东建筑设计研究院有限公司

上海富润成照明系统工程有限公司

调研分析：林怡

世博中心是世博中“一轴四馆”永久性建筑之一，建筑东西向长 530m，南北向宽 140m，总用地面积 6.65hm^2，建筑总高度近 40m，其东侧为世博轴，北侧为黄浦江。世博会期间，它是上海世博会召开上万场各类国家元首级贵宾接待、会议、论坛、进行新闻发布以及举办大型活动的重要场所之一。世博会之后，世博中心将转型成为国际一流的会议中心，不仅能承担大中型国际会议、宴会和活动，还能承担上海各类政务会议。

世博文化中心滨江景观

展馆建筑照明的分析与解读

照明建筑一体化

世博中心坐落在黄浦江畔，夜晚的世博中心显得格外的内敛和雅致，室外照明中采用单一的白光 LED，通过智能控制系统，实现丰富的媒体视觉效果。相对于世博轴与世博文化中心的炫目色彩，其白光变换的图案，更加凸显该建筑的宁静与高雅，一种低调的奢华。

世博中心采用的建筑化照明设计诚然是 LED 照明的一次突出创新实践。将照明灯具与建筑构件巧妙地结合在一起，既达到了建筑外立面效果的协调统一，又使得照明器件成为室内装饰的一部分。

建筑立面幕墙的铝板型材上安装 LED 线性灯具，将照明系统与幕墙结构整合设计，既保持建筑白天外观的纯粹和完整，又使得夜晚灯光有很好的附着面。另外，对灯具的安装角度及光束角等方面的严格控制，保证了最小的眩光。

透视设计的 LED 屏

在世博中心的入口大厅内，正对着主入口方向设置了大型 LED 显示屏，由于建筑门厅部分的设计需体现其通透感，因此显示屏的设计采用 P18 结构的穿透式技术，在屏幕不开启时其透明度可达到 30%，满足了视觉穿透的基本需求。

镂空设计的LED屏

高大空间内的 LED 功能照明

在高 14m，面积近 2000m^2 的中型会议厅（政务厅），室内照明采用了大功率 LED 作为主要功能性照明，这在世界范围内，是大空间室内 LED 功能性照明的首次尝试。整个设计还可实现对 LED 灯具进行 3000K ～ 6000K 的无极调光，达到冷色调与暖色调的组合与转换所形成的不同场景。

政务大厅室内照明场景

国际信息发展网馆

DEVNET Pavilion

展馆位置：浦东B片区
场馆主题：城市援救与和谐生活、国际沟通与合作
设计团队：日本设计师长井健太郎等
调研分析：刘海萍

中央展区的金座

色彩动态变换的丰富效果

朴实的光环境

国际信息发展网馆位于世博 B 展区，展区共 2 层，一层为主要展区面积 2000m^2，二层为论坛发布区，面积为 228m^2。

展馆正面二层有五根光柱，色彩交替变换，在同片区的场馆中非常醒目。相对应入口旁的五根柱子被玻璃材料包裹，顶部和地面的内嵌式灯具在玻璃的反射下映射其中，增加了空间的延续感，但也造成了眩光；一层展区中央是由贵金属和特殊材料制作的金座，下部镶实上部镂空，金属材质在室内灯光投射下熠熠发亮。

馆内整体照明水平较高，展区左右两侧分为亚洲街和西方街，西方街耸立着颇具符号性的经典柱式，柱式基座上上有自发光的模型和 LED 电子屏滚动显示。

世界贸易中心协会馆

World Trade Centres Association Pavilion

展馆位置：浦东B片区
场馆主题：贸易促进和平与稳定
设计团队：北京振美国际文化传播有限公司
调研分析：刘海萍

上海世博会世界贸易中心协会馆靠近大洋洲广场，建筑面积达2000m^2。展馆采用“天圆地方”的平面形式，其中有圆形的展览厅和分设在方形角落处的贵宾接待室、展示区、纪念品店及餐饮区。展览馆无论从选材上还是灯具的选择、布局上皆经过精心设计，利用灯光营造出丰富多变的空间气氛。

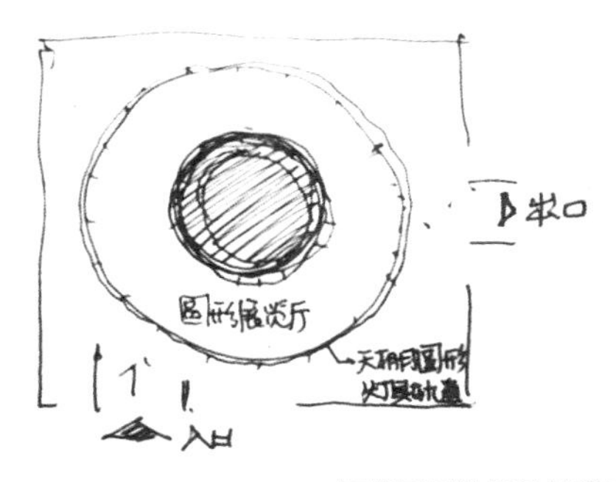

顶棚圆形的灯具轨道平面示意

圆形展览厅上空的灯光装饰效果

光的色彩与表情

世界贸易中心协会馆外照明全部采用投光灯照明，围绕整个顶部布置。

室内结合向上照明及聚光射灯，照明色调整体偏暖，空间设计巧妙。在引导的参观路线上进行了局部重点装饰照明，比如“中国制造”的标志是由线性排列的LED光源向上投射，形成方向性的漫射光光束并且色彩可动态变换；同种光源映射下的“树枝墙”呈现独特的剪影效果；平台玻璃下的木墩被均匀的光线渲染着，玻璃和金属的展台地面同时映射着周围光怪陆离的光线，光线交织，错落有致；仔细观察发现，吊装在顶棚圆形轨道上的射灯表面被覆上了不同颜色的滤纸，才得此效果，使人感觉遍及各处的灯光色温都调整至了理想的温暖光亮的效果。

天花板在蓝紫色的大小不一的点状光源渲染下，令参观者不经意抬头间体会别有洞天的静谧与神秘感，骆驼与船队的影像投射，与地球的投影配合，具有很好的象征意义，从而使光的设计成为一种具有美学意义的表现形式。

色彩动态变换的丰富效果

色彩动态变换的丰富效果

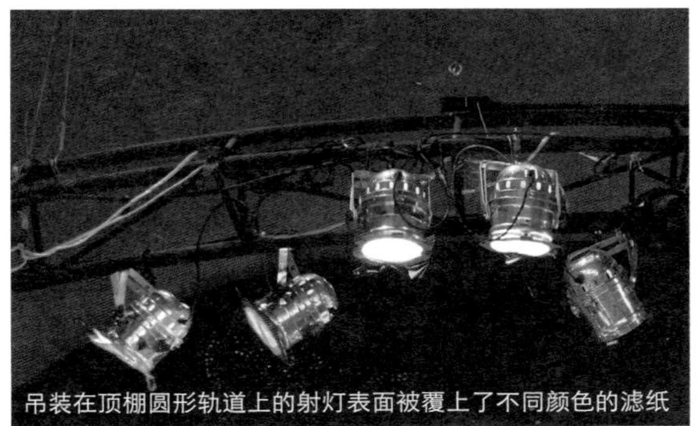
吊装在顶棚圆形轨道上的射灯表面被覆上了不同颜色的滤纸

色彩动态变换的丰富效果

太平洋联合馆

Pacific Pavilion

展馆位置：浦东B片区
场馆主题：太平洋——城市灵感的源泉
设计团队：上海佳世展览有限公司，吕慧等
调研分析：刘海萍

太平洋联合馆由 14 个太平洋国家和 2 个国际组织共同参展，建筑面积约为 8100m²。展馆外观简单大方，内部布展别具风格，16 个参展方通过 16 个编织的“单帆”，分别展示太平洋岛国美丽神奇的自然景观、独具特色的人文环境和热情奔放的民俗风情。

灯光演绎异域风情

太平洋联合馆场馆在主立面上采用重点照明，在出口立面上的场馆名称内排布光源进行照明。由于面积大且室内高度大，因此除顶棚基本照明外，室内照明主要在各个参展区自行进行重点装饰。展区形式颇具特色风情，照明方式与陈列设计紧密结合，令人目不暇接。在各个展区四周，放置有雕像或者盆栽，并设有背向参观者视线的射灯提供照明。

为展现岛国的独特风貌和形式的需要，16 个编织的“单帆”在亲近观众的高度范围内因陈列展品的需要所采用隐藏式灯具：在每根木帆底部采用倾斜安置的射灯，上打灯光突出了被照亮的木材质感，并且有一定倾斜角背向参观者以避免眩光。 每根木帆的上部左右两侧各安置了射灯，提供“单帆”内外两侧的照明，木帆本身也在这些灯具的渲染下加强了材质感，巧妙地与内部展区形式结合在一起。

太平洋联合馆内设置的灯光展示紧密结合浓郁的异地风情，让参观者倍感轻松。

单帆上部和下部投射灯的投射方向设计

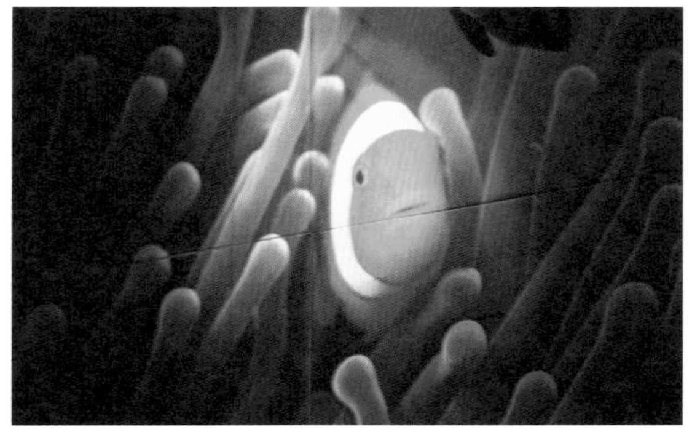

对照明设施的控制使人们的注意力集中在色彩、质地上

照明形式和陈列方式紧密结合

国际红十字会与红新月馆

International Red Cross & Red Crescent Pavilion

展馆位置：浦东B片区
场馆主题：生命无价，人道无界
设计团队：上海意象企业形象策划有限公司，宋慧民
调研分析：刘海萍

国际红十字会与红新月会馆位于浦东世博园国际组织展区中，总建筑面积为 500m²，靠近世博轴，毗邻国际气象组织馆、联合国展馆。场馆由入口等候区、“时空长廊”、“环幕剧场”、“互动区域”和出口区五个区域组成。

灯光塑造的“人道之光”

光塑造的空间

国际红十字会与红新月会馆相对于其他场馆，没有过多的外观照明，仅采用内置式光源发光的标志式照明，在周围场馆夜景照明的烘托下，显得低调而平和。

场馆由帐篷样式的入口进入，其中的“黑色记忆”长廊给人印象深刻。该空间的重点在于营造沉重、压抑感，因此照明设计相应地采用黯淡的光线及偏暗的照明格调，具有独特的艺术语言与风格，从灯具选型、设计及安装方法上都与馆内其他空间有很大差异。

走廊的天花板被 LED 灯具装点成了繁星点点。唯一较亮的轨道灯具投射向天然岩石肌理的墙面，沿路径线型布置，发挥了空间中光的引导作用；厚重的石墙面在射灯投射下尽显其凹凸嶙峋的肃穆感，被对面的玻璃墙反射后增加了空间的进深感。通过原子镜面幕墙后的数码显示屏，玻璃墙上不时展示的主题图片成为视觉焦点。

黑色长廊的尽头，通过气雾幕墙投射的“人道之光”吸引了人们的视线，投影仪在几乎整个走廊的宽度上投射出一张非洲儿童的脸，束束光线在空间中清晰可见，自然地显示了光和空间的相互作用，其含义令人深思，引得参观者纷纷驻足。在这里，疑似前方无路，继而转向照明充足的明亮空间，黑色的主色调变成了白色，视觉的连续性在两片不同的区域被分隔、限定，使人的参观感受从触动跳跃到清醒。

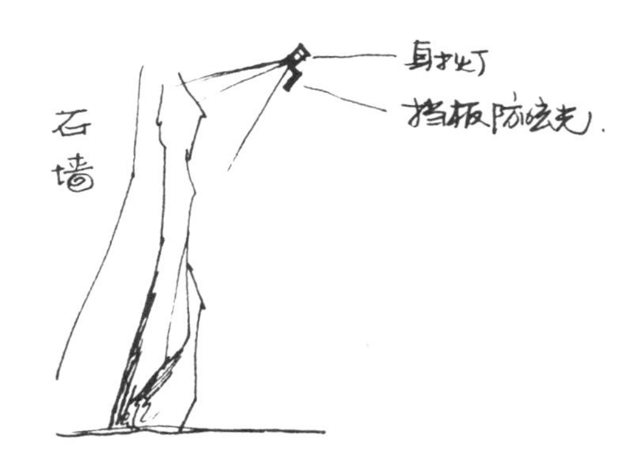

射灯投射到石墙的角度示意

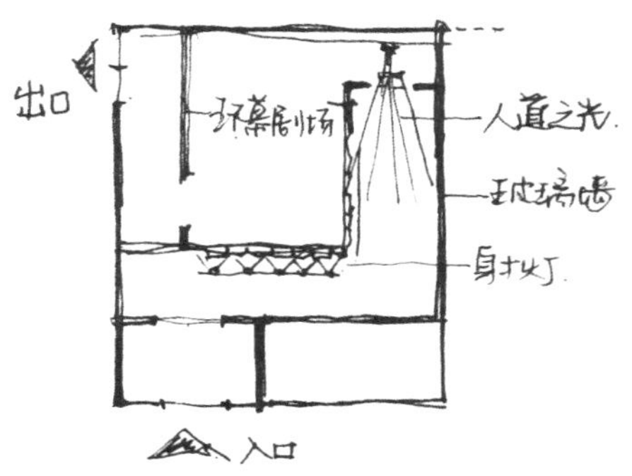

平面及部分照明示意

“黑色记忆”长廊

世界气象馆

Meteo World Pavilion

展馆位置：浦东B片区
场馆主题：为了人民的平安和福祉
设计团队：上海创霖建筑规划设计有限公司
调研分析：刘海萍

世界气象馆总建筑面积约 1230m^2，外墙为亮白色膜结构，外形设计犹如云中的水滴一般。气象馆的夜景照明并不追逐过多的颜色，而是倾向运用朴素的蓝光。色彩能很快抓住观众的注意力，从展览的角度考虑，减少了浮夸的印象却达到了预想的效果。

蓝色的异想世界

就外观照明来说，由于展馆特殊的形状，利用光创造一种柔和且简洁的效果成为最好的选择，因此只在周边局部设置了上照灯，从远处看墙面微微被洗亮。

建筑的膜结构馆壁上有喷头不断向外溢出蒸汽，在夜间望去，平凡的空间中仿佛脱胎出梦幻般的意境。场馆内部多用静态照明，在大厅和走廊，参观者就会被扑面而来的蓝色包围，在这个空间中能体会到墙体发光的视觉感受，犹如液体溶解一般；连工作用房的门轮廓都用光勾勒出来，反映了细节设计的无处不在。

巨大蓝色穹庐下分为几个展示区域，弧形上升的“气象工作长廊”墙面上大小不一的球形水族箱形成视觉焦点，结合了展示和照明的双重功能。深色走廊与其形成强烈的亮度对比，产生戏剧性的照明效果，风格颇像一条时光隧道。采用透明膜的云朵咖啡厅紧邻水面，在夜晚暖色调的灯光下，经过岸水的倒影形成一道瑰丽的风景。

蓝色的“气候变化长廊”

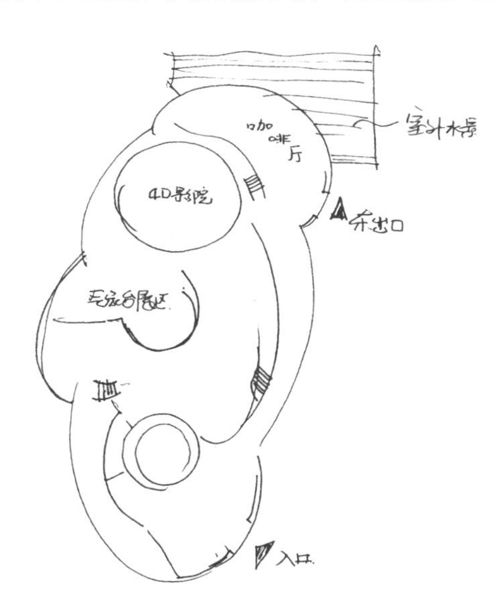

平面功能示意

采用间接照明的入口走廊，塑造出一种通体透亮的视觉感

“气象工作长廊”墙面大小不一的球形水族箱

联合国联合馆

United Nations Pavilion

展馆位置：浦东B片区
场馆主题：同一个地球，同一个联合国
设计团队：北京市建筑设计研究院
南通恒顺装饰工程有限公司
调研分析：刘海萍

联合国联合馆总建筑面积 3000m^2，紧邻高架步道和宝钢大舞台。展馆形体设计简约，主色调使用其标志色“联合国蓝”，并使用醒目的夜间标志照明，有良好的识别性。

展览区采用的轨道灯具照明

光线流转

展馆分为展览区和公共交流区两个部分，用夜晚拍摄的全球地图作为地面，富有创意并构筑了流动式的展览空间。

LED 照明沿着地图的曲线设置，旁边铺白色鹅卵石，用以覆盖光源，远看去竟有湖面的效果；靠近走道连续的垂直纤细的张拉物将光线汲取一并输送上来，纤状物透出深深浅浅的光亮，光线沿空间边界蜿蜒行走。半透明的背光照明墙放射出自身独特的光芒。在入口处的地面采用的是 LED 光带装饰照明，亮度微弱但颇有装饰性。

展馆的各个展区采用了重点照明，引导行人的视线；安装在天花上的轨道与墙面平行，架设灯具的轨道垂直吊装，其上安装的射灯向走道左右两侧投射各个展点。天花上发亮的轮廓线由线性 LED 灯勾勒出来。临近出口位置的深蓝色幕布上投射着多行深浅不一的蓝色标语。在出口处，灯光通过密密麻麻，布满天花的纤状物投射下来，抬头望去，光线好似被凝固在这一根根纤状物上，形成了强烈的视觉冲击力，同时也避免了眩光。

走道边曲线布置的LED照明

深蓝色幕布上投射的蓝色标语

出口处纤状物的照明效果

国际组织联合馆

International Organization Pavilion

展馆位置：浦东B片区
场馆主题：一个地球，一个联合国
调研分析：张春旸

世界水展馆入口

展馆建筑照明的分析与解读

国际组织联合馆内的照明方式多种多样，印象最深刻的当属世界水展馆入口处的灯光设计，配合曲线形的建筑构件，射灯投照出具有水的动感的光照效果。

国际竹藤组织馆内，把材料的运用组织到灯光的设计当中，凸显了参展主题。

在国际组织联合馆的出口，抬头仰望，可以发现灯光照明与建筑构件再次结合到了一起，原本冷冰冰的建筑构件因为灯光的介入变得富有表现力。

国际竹藤组织馆

世界自然基金会展馆

国际组织联合馆出口

泰国馆

Thailand Pavilion

展馆位置：浦东B 片区
场馆主题：泰国人：可持续生活方式
调研分析：张春旸

泰式风情

承载有浓郁泰式风情的大屋顶无需任何言语便为泰国馆的那份精致贴上了独一无二的标签。

金碧辉煌

整个建筑形体体现出浓郁泰式风情，场馆室外照明起到了锦上添花的作用。

泰式特色大屋顶的每层檐口之下都安置有投光灯，使得整个场馆在夜幕之下以金碧辉煌的姿态呈现于游览者面前，体现了泰国馆的定位与特征。

主入口前喷泉水池中安置的水下灯，其照明效果在美化了视觉效果的同时，也起到了丰富入口空间层次的作用。

精致的泰国馆以金碧辉煌的姿态呈现于游览者面前

泰国馆室外夜景

菲律宾馆

Philippines Pavilion

展馆位置：浦东B片区
场馆主题：菲律宾式幻想
调研分析：张春旸

动静相宜

展馆表面由菱形的透明材质组成，当风吹过时，这些钻石菱形物会轻微地摆动，展现别样的视觉变化效果。外墙四个面上均有“人手拼贴画”，醒目别致，特别当夜幕降临，配合明暗变化的灯光效果，菲律宾馆很自然地给游览者创造出一种置身舞会现场的感受。

动感之都

菲律宾国家馆以“动感之都”为主题。用“动感”将城市建设、规划管理、效率和可持续性等元素以音乐和表演的形式呈现，向世界阐述创意的重要性。“动感”同样体现在展馆的设计理念中，无论是馆内馆外，设计师大量采用了一种钻石菱形的透明材质板，在每块材质板的背面安装有光源，光照强度随时间不断变化，忽明忽暗，从内到外贴合“动感之都”的主题，勾起游览者的“菲律宾式幻想”。

光照强度不断变化的菲律宾馆室外照明

古今结合

菲律宾馆的室内照明同样是经过设计师精心考虑的，由传统织物材料做成的大型屏幕，结合垂吊式的投影灯，将各种图案投射在幕布上，整个室内光环境非常柔美。

传统材料与现代灯具相结合的室内照明

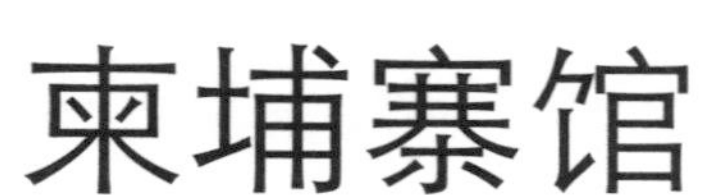

柬埔寨馆

Cambodia Pavilion

柬埔寨馆室外采用局部照明的手法，把主入口处具有浓郁地域特色的浮雕展现的淋漓尽致。相比之下，室内照明虽然符合展览建筑的基本要求，但还是缺乏创新。

文莱馆

Brunei Darussalam Pavilion

展馆将热带雨林作为入口处的主展项，展现文莱特有的自然环境。室内照明采用置于地面玻璃板下的蓝色 LED 灯具，营造出流水的感觉，同样很贴切地传达着“现在，是为了将来”的环保理念。

印度尼西亚馆

Indonesia Pavilion

展馆位置：浦东B片区
场馆主题：生态多样性城市
调研分析：张春旸

传统材料的现代应用

印度尼西亚国家馆有别于世博园区内其他场馆的最大特点之一即在于建筑的材料，对竹子这一传统材料的反复运用使得游览者从钢筋混凝土的人造森林中解放出来，仿若置身于竹海，仿若感受到的是人类原始的生活状态。

竹子具有透气性好、韧性强等特点，是印度尼西亚传统与现代生活方式相结合的标志。采用木头、竹子等一系列天然环保材料，设计者向游览者展示了印尼对自然资源的良性利用。

印尼馆内部长达 600m 的坡道使得整个展览空间浑然一体，游览者沿着坡道上上下下，触摸着印尼的传统建材，聆听着印尼的悠扬民谣，欣赏着印尼的别样艺术遗产，仿若真的置身于印尼这一东南亚岛国，这正是展览建筑的成功之处。

印度尼西亚馆入口600m坡道起点处

灯光与材料的结合

夜幕下的印尼馆低调地蜷缩于 B 片区一角，相对于室外照明的“草草处理”，场馆内部照明却是鲜明而具有创意的。

当光与材料产生了恰当的碰撞，莫名的新奇效果也就应此而生。

藏匿于竹筒中的现代灯具似乎跳脱出我们平常的灯具印象，传达出的尽是一派印尼风情。

当现实条件使得我们没办法真实搭建一个水族馆时，设计师再次运用光与材料的完美结合，营造出这样一个虚拟的环境。

再次提及竹子这一印尼的传统建材是在这段竹子隧道内，用数以千计的竹子搭建的通道在低照度的轨道灯的晕染下，似乎真的成为一条时空隧道，把现代的人们带回到那个远古时代的印尼。

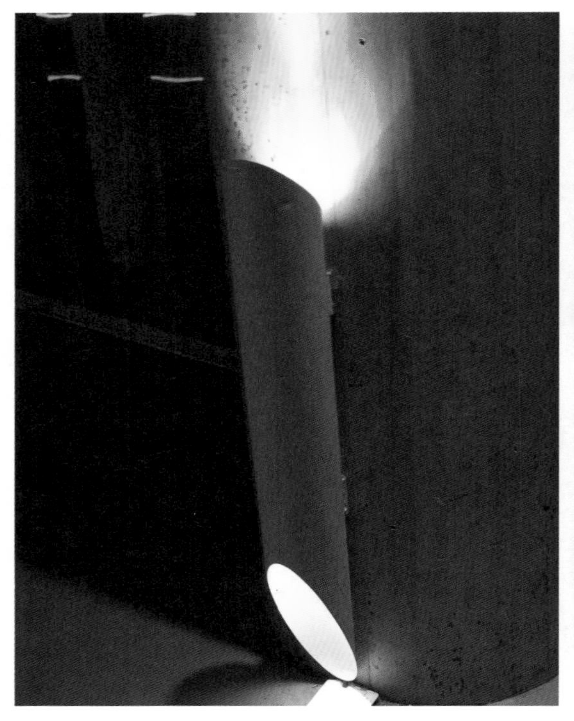

场馆内灯光与材料的完美结合

新西兰馆

New Zealand Pavilion

展馆位置：浦东B片区
场馆主题：自然之城：生活在天与地之间
设计团队：Coffey项目公司
调研分析：张春旸

飞翔的翅膀

整个新西兰国家馆通过一条连贯的坡道使游览者于不觉中从入口移身屋顶，进而在屋顶的游览结束之后又悄然到达地面，完成一个从起点到达起点的巡回。紧凑的游览路线使得建筑形体精炼简洁，外观酷似一只“飞翔的翅膀”。

自然之城

新西兰国家馆通过建筑构造和各种展览重现新西兰的古代神话。整个展馆从外观上看是一个梯形，前高后低。参观者的游览过程可以顺着一条连贯的坡道由始至终。

另外，为了体现新西兰作为“自然之城”的不同风貌，在室内游览结束之时，参观者继而可以进行一场惬意的户外之旅。展馆的屋顶是一座名副其实的植物园，布满新西兰特有或擅长栽种的植物、花卉、水果和农产品，体现的是一番“鸟语花香”的生机勃勃的景象。

“保护自然”的呼吁口号由光来告诉经过的每一位游览者

现代灯具与本土材料的结合

新西兰国家馆的馆内照明结合当地的自然风貌，运用了木材、石材与灯具结合的手法，做足了文章。

倾听光的诉说

相对而言，设计师们显然在屋顶植物园的灯光设计方面投入了更多的精力。当游览者逐级而下时，安置于台阶上的埋地灯会提供充足的光照环境，游览路线中刻意放置的具有新西兰特色的纪念柱也在下照灯的照射下体现出别样的风情。

细心的设计师们更是在有机塑料板上刻出新西兰特色植物的形状以及他们关于“保护自然”的呼吁口号，当然，剩下的使命则由隐藏于有机塑料板背后的低位灯具完成。所有的这些只有一个目的，通过光的倾诉，使亲近自然的理念离游览者近一些，再近一些。

屋顶植物园的小品照明

马来西亚馆

Malaysia Pavilion

展馆位置：浦东B片区
场馆主题：和谐城市生活，融洽马来西亚
调研分析：张春旸

本土意向

马来西亚国家馆由两个高高翘起的坡状屋顶组成，犹如一艘远航而来的“木船”。场馆的造型借鉴马来西亚传统民居“长屋”的概念，造型独特。马来西亚馆采用可循环利用的油棕、塑胶等材料建筑而成，受到马来西亚传统印染纹理的启发，上面附有蝴蝶、花卉、飞鸟等几何图案。变幻多彩的屋顶自然成为本次世博会当中马来西亚馆的特色之一。

华彩霓裳

场馆室外照明最大的特色在于屋顶，在油棕、塑胶制成的屋面上，设计师安置有大量的投射灯具，随着灯光颜色的变化，整个场馆屋顶的颜色不停地变幻着，使得整个建筑以不同的表情呈现在游览者面前，灯光的存在使得一个建筑似乎幻化成多个建筑同时存在。可以说，灯光给马来西亚馆披上了一件“华彩霓裳”。

屋顶以各色基调呈现时的马来西亚国家馆

场馆的室内照明虽然没有室外照明如此抢眼，但也是贴合展览建筑照明特点的。安置在透明材料铺地下的埋地灯具使得光线足够柔和，适宜展品展示。呈现于入口门厅处的马来西亚地图状的水晶珠帘在周边的嵌入式天花灯具的照射下显得熠熠生辉。

马来西亚馆室内照明

新加坡馆

Singapore Pavilion

展馆位置：浦东B片区
场馆主题：城市交响乐
设计团队：陈家毅设计师事务所
调研分析：张春旸

狮城音乐盒

新加坡国家馆从外观上看来颇似一只音乐盒，这样的造型与展馆“城市交响乐”的主题相辅相成。展馆整体结构由四大支柱撑起，四根形状各异的立柱沿着平滑的曲线从楼顶悬挂下来，贯穿上下，相互映衬，张力之间形成一种平衡。

场馆空间上的特点则在于室内外的贯通，内外空间在开放的门厅处融为一体，消除了内外界限。

演出空间

音乐之光

作为整首“城市交响乐”的序曲，场馆前广场上的喷泉灯光的颜色随着水柱高低、音乐节奏进行着变化，使空间气氛变得更加活跃。

从建筑立面上参差错落的窗户与外墙开缝散射出来的“音乐之光”，同样也为这个灵动的“音乐盒”增添更多迷人魅力。

场馆前广场上的喷泉

光之引导

新加坡馆室内的特点之一便在于那条盘旋而上的参展路线，室内照明的亮点也因此而生，不停变换颜色的 LED 灯具沿坡道从地面延伸至屋顶，在满足了室内照明的基本要求之外，更是营造出一种“飘扬的彩带”的意向，贴合“城市交响乐”主题的动感氛围。

常见的投光灯具与普通的铝质材料，两者结合到一起便不再普通。正如，. 门厅内放置的这幅立体壁画，化整为零的圆形铝质小薄片在灯光下光影斑驳，巧妙地传达着“新加坡设计熠熠生辉”的主题。

除此之外，场馆室内照明也不乏一些令人称奇的小亮点。入口门厅内设计师用灯光跟游览者做着小游戏，游览者们正在试图捕捉投射到地面上的不同图案的光斑，灯光调动着人们的情绪，成了活跃现场氛围的主导因素。

场馆室内照明

澳大利亚馆

Australia Pavilion

展馆位置：浦东B片区
场馆主题：畅想之洲
设计团队：澳Think OTS与创意设计公司Wood Marsh
调研分析：张春旸

展馆的创新点

澳大利亚国家馆外观上最大的亮点就是弧线形外墙、丰富的红赭石外立面。场馆内部则由一条坡道引导游览者的行程，在小剧场稍作短暂停留后开启后半段旅程。

展馆入口门厅内悬挂的由LED灯具组成的澳大利亚各州州花

澳洲缩影

澳大利亚国家馆流畅的雕塑式外形如同澳洲大陆上绵延的岩石一般，设计师们把这种典型的澳洲印象完整地呈现于游览者面前。外墙采用特殊的耐风化钢覆层材料，幕墙的颜色随时间的推移日渐加深，最终形成浓重的红赭石色，宛如澳大利亚内陆的红土。从外形到颜色，整个澳大利亚馆几乎就是澳洲大陆的一个缩影。展馆内设置“旅行”、“发现”和“畅享”三个活动区，讲述这片神奇大陆上奇异的物种、丰富的文化和宜居的城市。

LED 的“华丽演出”

经过设计师的精心打造，场馆内正进行着一场 LED 的“华丽演出”。进入场馆便可以欣赏到一场灯光的盛宴，LED 灯具在各色透光表皮的包裹下，以澳大利亚各州州花的身份呈现。在“发现之旅”的通道当中，设计师们更是巧妙地运用着灯光与材料的相互映衬，这幅活灵活现的海洋场景完全是在灯光与树脂材料的配合下巧妙地呈现出来的。馆内最华丽的灯光演出正在小剧场内上演，大量的 LED 灯具，随着剧目情节的推进，不停变幻着颜色，视觉效果堪称震撼。

围绕场馆散置于岩石当中的埋地灯；场馆内各式LED灯具

大洋洲广场

Oceania Square

展馆位置：浦东B片区
场馆主题：同一个地球，同一个联合国
设计团队：浦东设计院
调研分析：刘海萍

大洋洲广场在大洋洲片区的地块内部形成，北侧为太平洋国家联合馆，南接北环路，东邻园二路，广场面积约 4500m²。大洋洲广场是户外表演的场地，采用“大洋洲蓝”的主色调。大洋洲舞台无固定观众席，可供观演面积约为 2250m²。

我的广场漫游

大洋洲广场的亮度受周围其他场馆照明的影响，天空亮度较高，灯具布置相对简单。除了大洋洲舞台自身照明之外，广场主要依靠几个高杆下照式路灯以及标志柱上的集中区域照明，其中投光灯被放置在标志柱下半部，营造了很好的步行环境，但行人抬头望去仍有眩光现象。

广场的标志柱采用不同颜色的 LED 点状照明，通体分为 6 段，与其他几个重要广场相似，上段配以具有明显标识性的“大洋洲广场”中英文字样，以期具有良好的导向性。广场上的“海螺状”雕塑以及相关的文化活动体现出丰富的主题元素，为参观者提供一个放松休憩的场所。

广场上的“海螺”雕塑

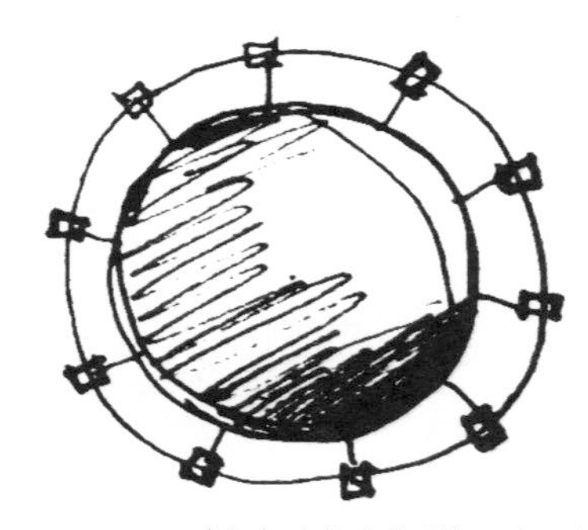

广场标志柱上轨道灯具布置的平面示意

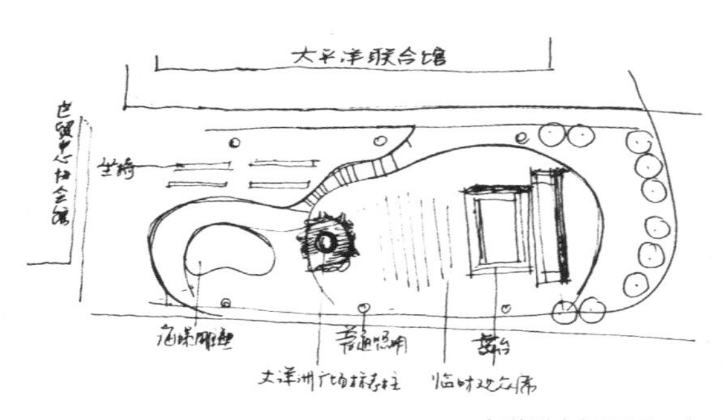

大洋洲广场平面示意

标志柱色彩动态变换的丰富效果

世博公园

EXPO Park

展馆位置：浦东B片区
场馆主题：扇面上的水墨画
设计团队：荷兰NITA公司

“滩”光“绿”影

世博公园位于世博园内 B 片区，是上海浦江岸线上条状公园的一部分。公园呈狭长型，设计立意于“扇面上的水墨画”，即在浦江岸边尽可能地模拟出一种原始的“滩”形态，各类植物都呈现出一种自然生长的布局。在这种看似随意的布局中，每一片绿化和周边道路、建筑等要素实际上都组成一个完整的体系，而现有的浦江边高高的防汛墙将会“消失”。创造了黄浦江岸“绿滩”的大地景观。

景观系统照明 ——“扇影丹青”

世博公园首先将水体、道路、场所、设施、绿化等元素用“滩”的概念联系在一起，形成立体绿“滩”，其次将抬升的狭长的扇形基地比拟为折扇的扇面，将按风向走势而特意设置的乔木引风林比拟为扇骨，整个滩的景观就构成了中国的水墨山水画。而对于如何体现“绿滩”、“扇面”、“扇骨”在夜间的概念，景观的照明统筹对这三个层面进行了点、线、面的光影环境布局。“绿滩”中作为“扇骨”的乔木引风林进行了植物的重点照明，主要通过埋地灯实现，形成“点”的布局；作为“扇骨”的乔木引风林形成的列阵与“滩面”上带状的水系及“扇面”上的园区的带形道路采用了统一的灯具序列的布置形成赋予韵律感的“线”的系统照明布局，结合传统的上照光和用灯具的下照光串成的光带；“扇面”、“绿滩”的“面”的系统照明效果表现为对绿皮、绿被、绿灌、绿篱、广场、起伏的坡地等的整体环境照明，通过光渲染的手法营造整体光影环境效果。

景观小品 ——夜间再添活力

世博公园有很多小体量构筑物在白天能吸引人群注意力，增添场景的趣味性，而在夜间通过灯具的巧妙设计也能起到画龙点睛，穿针引线的作用。例如，公园里水岸边的树池，白天是圆形的有机序列，而夜间树池上安装的照明光源衬托了整个水系，树池上星星点点所形成圆形的规则布置的埋地灯，向树的顶棚投射光束，利用光影变换创造出奇妙的空间感受。

景观标识 ——解读符号照明

世博公园的标识照明能较清晰的给人们传达建筑物使用信息、步行方位指示、交通指向等信息。其功能性和艺术性的结合都融入世博公园的夜景符号性照明中。园路中的标识传递了所要表达的文字或图像信息，也注意与周围环境亮度的和谐关系、眩光控制等。公园中的各标识指示的照明设计都做得十分仔细。标识表面具有足够亮度，没有眩光，满足指示功能要求。同时光色舒适，较为美观，符合人的视觉感受。例如，世博公园园路的指路牌结合路灯放置，突出路牌的亮度，容易吸引人的注意力。

夜间树池上安装的照明光源衬托了整个水系

夜间树池上安装的照明光源衬托了整个水系

宝钢大舞台

Baosteel Stage

宝钢大舞台是由原上钢三厂的特钢车间改造而成的，运用了很多高新技术。但是由于建筑的临时性，本着节约的原则，在照明设计上利用了原有照明设备，部分区域增加了投射灯具。外立面夜景最值得称道的是其临卢浦大桥的外立面的镜面材质，在夜晚借用了卢浦大桥上的夜景，给人以宝钢大舞台外立面照明的错觉。

展馆位置：世博园区B片区
设计团队：现代设计集团华东建筑设计研究院有限公司
调研分析：王茜

C片区

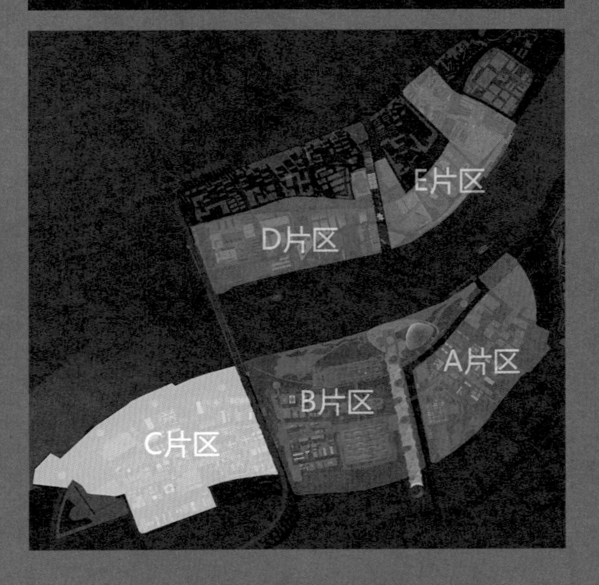

法国馆

France Pavilion

展馆位置：浦东C片区
场馆主题：感性城市
设计团队：Jacques Ferrier Architectures
乔治·萨克斯
调研分析：白文峰

视觉的艺术盛宴

无论是建筑艺术形式还是馆内的环境美学及奢侈品和抽象艺术等，法国馆都为参观者提供了一场视觉艺术的盛宴。

法国馆漂浮在超过整个展馆周边的水面上，建筑外表被一种新型混凝土材料制成的线网包裹。夜晚，每个网格中的 LED 灯作为表皮的一部分照亮了整个建筑，光影在水面上交叠，仿佛一座集古典与现代于一身的典雅白色宫殿。

法国馆的中心是一座法式园林，四周的墙面划分了园林空间和展示空间，它由双层表面构成，内层是玻璃墙，外层是植物墙。一条条或弯或直的绿道，形成一个个富有现代感的垂直园林，又仿佛是一块巨大的电路板，在法国的古典美学和现代高科技之间给人以感官上的平衡。

夜幕降临，垂直园林在其后玻璃幕墙上悬挂的投射灯的照射下，投影于展馆正中的浅水池之中。璀璨绚丽的灯光效果，使展馆即使在夜晚也能展现出妩媚的风采。

游客乘坐自动扶梯进入展馆顶层后，展览区域在斜坡道上铺开并随着坡道下降到起点，参观路线的一侧是视觉效果强大的影像墙。除此之外，各个展示区域的灯光设计美轮美奂：灯光互动式的脚印墙，随着参观者的到来如同人们在墙面上留下探寻的足迹；多彩马赛克展室中，顶面方格网中马赛克和灯光交替组织，让人想起了巴黎圣母院中的彩色玻璃，仿佛是现代灯光技术对古典艺术的全新诠释；魔幻般蓝色球状巨型吊灯仿佛是法国新的抽象艺术画作；著名品牌“LV”的展厅用灯光打造了一个童话般的国王。

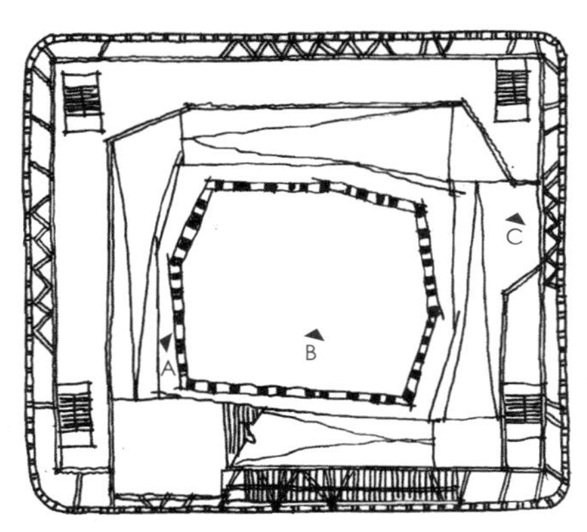

拍摄位置示意

A庭院照明

B庭院照明

C LV展厅照明

展厅局部

互动灯光墙

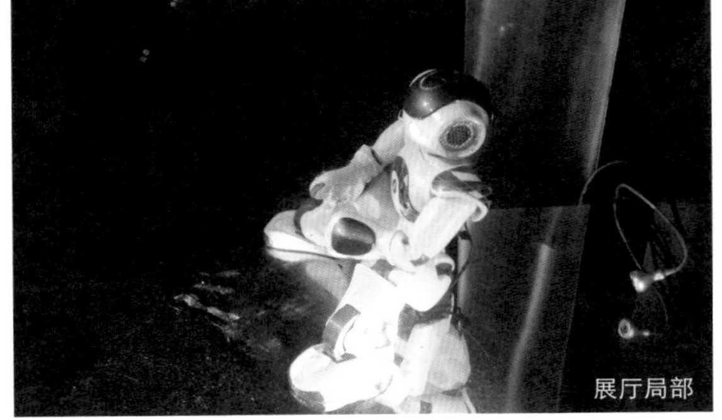

展厅局部

瑞士馆

Swiss Pavilion

展馆位置：C片区
场馆主题：城市和乡村的互动
设计团队：瑞士巴塞尔建筑师事务所
调研分析：曾堃

开放空间

瑞士馆由底层展厅营造的都市空间和馆顶的自然空间组成，整个建筑体现了城市和乡村相互依存、互惠共生的关系，强调人类、自然与科技的平衡。展馆是一个开放空间，外立面是垂帘状的帷幕。夜晚，展馆内部螺旋通道的功能照明映衬帷幕上的零星红色，塑造出了层次丰富的照明效果。

瑞士馆建筑开放空间的设计

智能帷幕——材料的革命

瑞士馆的外围是巨大的帷幕，主要由大豆纤维构成。帷幕的每一部分都能感应周围的能量变化（如阳光、闪光灯）并产生能量，同时以 LED 灯的形式将其应用，于是展馆外立面在夜间呈现出动态闪光的视觉效果。这一新型材料的应用使得建筑的照明设计充满新鲜活力。

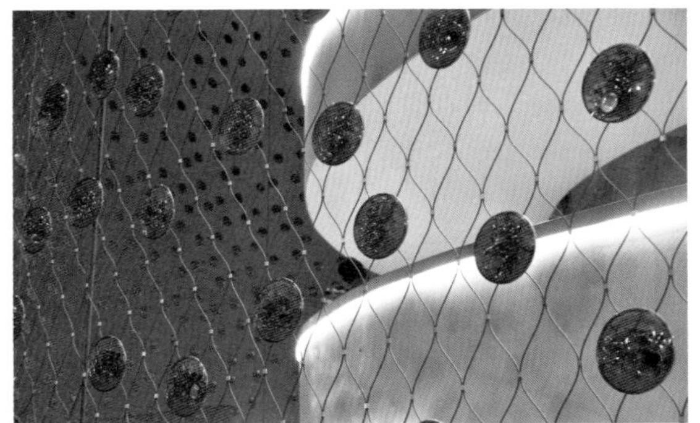

智能帷幕的细部以及LED光源

室内照明

瑞士馆内部的圆柱形展区着力表现城市元素，螺旋形坡道的照明将灯具隐藏在扶手构件中，避免对参观者产生眩光，同时和外立面的帷幕共同营造建筑的夜景照明效果。

圆柱之间的底层展厅采用顶部吊灯进行照明，吊灯的灯架表面喷涂仿沙岩石膏，延续了墙体的混凝土外观，使得室内设计给人以城市的厚重感。

展区内设立 12 块真人大小的 LED 屏幕，各行各业的瑞士人在阿尔卑斯山的背景下，畅谈自己对未来的展望。

照明设计与构件一体化

展厅的混凝土外观

展厅全景

LED展示屏

西班牙馆

Spain Pavilion

展馆位置：上海世博园区C片区
场馆主题：我们世代相传的城市
设计团队：Miralles Tagliabue EMBT
同济大学建筑设计研究院（集团）有限公司
MC2 Engineeing Consultant Office
调研分析：崔小芳

作为上海世博会最大的外国自建馆，西班牙馆占地 7620m^2，外立面由 15 种不同方式编织的藤条构成。

展馆内设“起源”、“城市”、“孩子”三大展示空间，展示从远古时期的野蛮和文明到现在的变化，再到畅想未来。

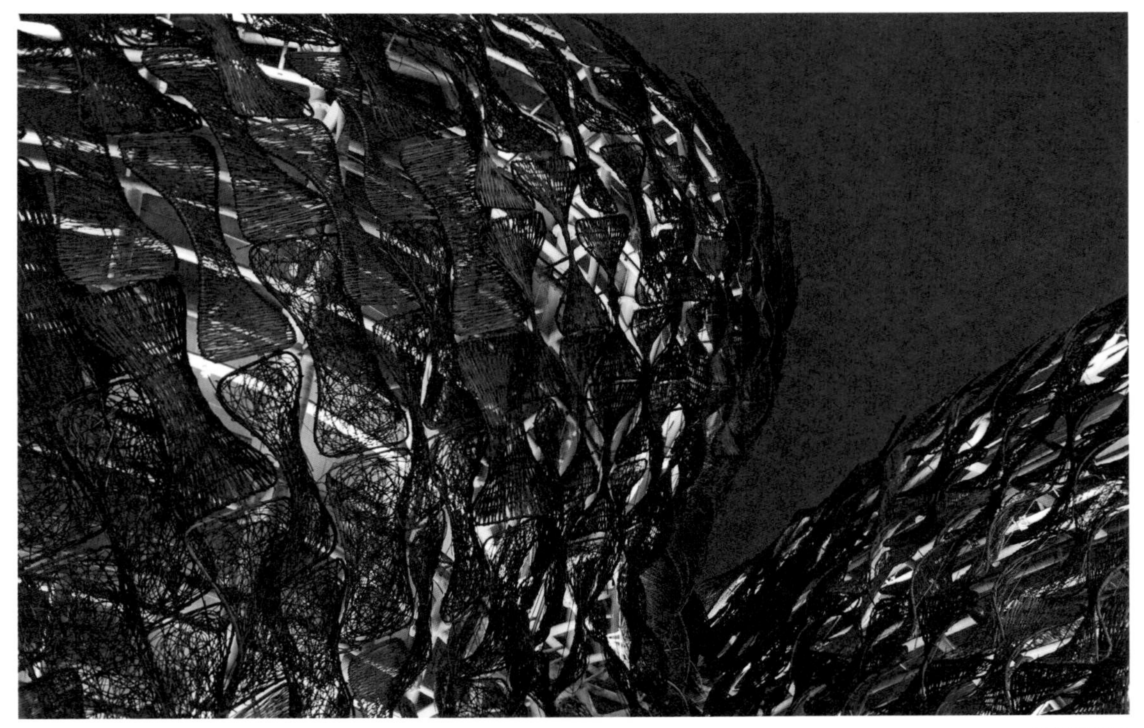

外立面照明

“光影婆娑”的外立面

建筑外墙由藤条装饰，通过钢结构支架来支撑，呈现波浪起伏的流线型。在夜间线形 LED 灯具将内部的钢结构照亮，光线透过藤条之间的缝隙漫射出来，使建筑外立面呈现出一种柔和的美。

外立面细部

德国馆

Germany Pavilion

展馆位置：上海世博园区C片区
场馆主题：和谐都市
设计团队：德国Schmidhuber+Kaindl建筑设计公司
上海现代建筑设计（集团）有限公司
上海现代工程咨询有限公司
调研分析：崔小芳

德国馆囊括了“风景”、“城郊”、“隧道”、“海港”、“规划室”、“花园”、“储藏室”、“工厂”、“公园”、“文化艺术坊”、“论坛”、“动力之源”多个展厅，通过灯光、色彩和声音的组合展示了德国的各种设计产品以及新型材料。

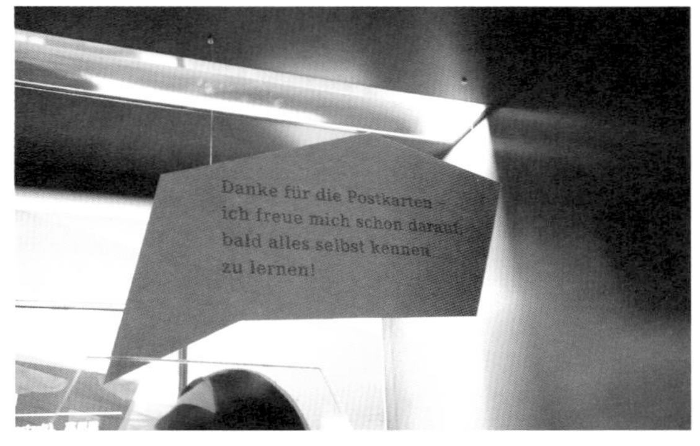

“城郊”

该馆在入口的“城郊”两个区域中，展示了新型材料光栅板，它是结合数码科技与传统印刷的技术而做成的，能在同一胶片上通过调节视看角度而显现不同的内容或特殊的视觉效果。该场馆中应用的光栅板可以从不同角度视看，呈现出三种不同的文字语言。

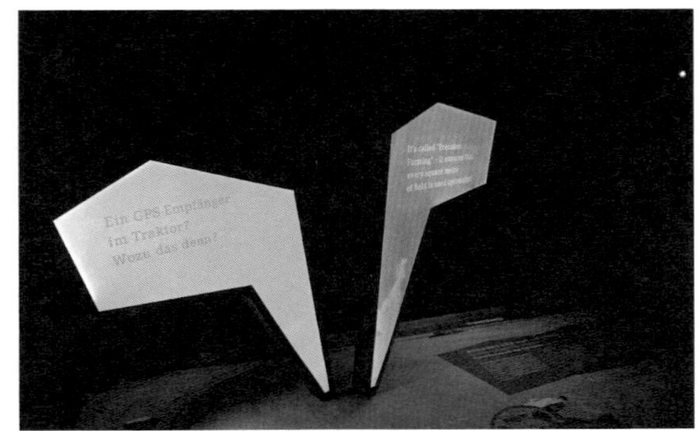

入口及城郊区中的光栅板

“隧道”

穿过城郊区，游客就进入到“隧道”展厅，体验新技术带来的视觉冲击。该区域主要应用了LED 玻璃，它是在玻璃之间夹入 LED 芯片，采用透明的电路，由此产生了发光点悬浮在玻璃中的效果。50m 长的“动感隧道”两侧安装共有 9000 个发光 LED 点的 LED 玻璃，并在进入室内展厅的入口处构成了“和谐都市”的字样。

动感隧道

海港

“海港”、“规划室”、“花园”

在蓝色海港中，悬吊着特殊的透光材料彩虹板折射出斑斓的色彩；规划室中乳白玻璃的使用，使室内空间达到很好的柔光效果。

规划室

花园

“储藏室”、“工厂”

储藏室中展示了各种光输出效率很高的光纤束，工厂中展示了智能系统控制下的各种照明设备，无时无处不在向游客展示着最新的材料及技术。

储藏室

工厂

公园

“公园”、“文化艺术坊”、“城市广场”

在公园中，参观者可以看到彩色的丝布悬吊在天花板上，灯光掩映在丝布中间，共同营造出彩色的光环境；文化艺术坊中，使用了均匀线性照明的光纤束，以及重点照明下营造出的特殊光环境。

整个室内空间在灯光与色彩的交互作用下，给参观者营造出一个炫彩的空间。

文化艺术坊

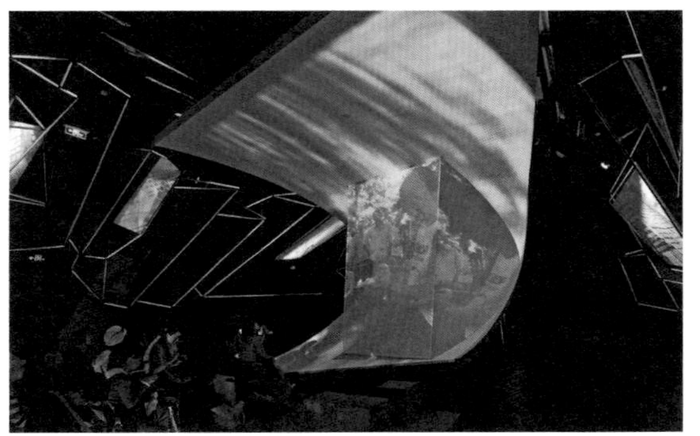

城市广场

经典之作“动力之源”

“动力之源”作为德国馆的精彩亮点，令人耳目一新。直径 3m 的金属球体，在表面安装了 40 多万颗 LED。

参观者被分散在三层环形回廊上，与金属球进行互动，金属球内装有感应装置，它会对人群的动作及其呼声做出回应，参观者通过叫喊与鼓掌影响球体，随着参观者的呼喊，球体将来回摇摆，球体将参观者的声音变成能量，摆动越来越快，越来越高，同时球体呈现出丰富的色彩和图形，让参观者回味无穷。

波兰馆

Poland Pavilion

展馆位置：浦东C片区

场馆主题：人类创造城市

设计团队：WWA Architects 建筑事务所的 Marcin Mustafa, Natalia Paszkowska, Wojciech Kakowsk

调研分析：白文峰

波兰馆为自建馆，空间分为城市中心、展览厅、音乐厅、电影院及营业厅，在此举办多种活动，推广波兰文化和科研成果，展示波兰美丽的景色和众多的投资机会，并且介绍波兰各具特色的城市和地区以及品尝波兰美食。

传统的传承——剪纸艺术

波兰馆的剪纸图案外观带给人们丰富的视觉体验。白天，阳光可以透过剪纸缝隙进入大厅；黄昏，剪纸外壳与钢构架之间的 LED 灯产生的光线穿透剪纸图案透射出来，使建筑呈现不同的色彩。太阳光和灯光的应用，使得建筑和环境产生对话，光线穿透建筑表皮，使波兰馆具有特别的吸引力。

馆内的装饰及灯光设计延续了剪纸创意。灯光设计采用内透光的方式，强调光影关系的虚实对比，由此营造的明暗错落的效果，再次强化了人们的视觉体验。

建筑入口为城市中心展厅，天花的剪纸图案在屋顶投光灯的照射下，使得地面与入口大门处的实体墙面满布剪纸的光影。正对入口的剪纸墙面上雕刻出“波兰微笑着欢迎你”的文字，文字随着其后多彩的 LED 灯具照射，逐字由白色变为红色，灯光技术的应用创造了丰富的室内空间艺术，传达了波兰人民的热情。电影院的折纸墙面同时作为屏幕放映波兰城市生活的美妙场景，放映厅地面设置的埋地灯在放映结束后起到照明作用。营业厅的深蓝色屋面不规则地分布着长条形的荧光灯管，使得空间愉悦轻松，墙面的折纸板缝隙之中设置了 LED 灯具，灯光透出折隙，在出口与和营业厅间形成一道屏风。

波兰馆建筑图案的运用和灯光的结合，表达了其设计理念“当代世界充满了视觉体验，视觉形象和沟通形式占据主导地位。”

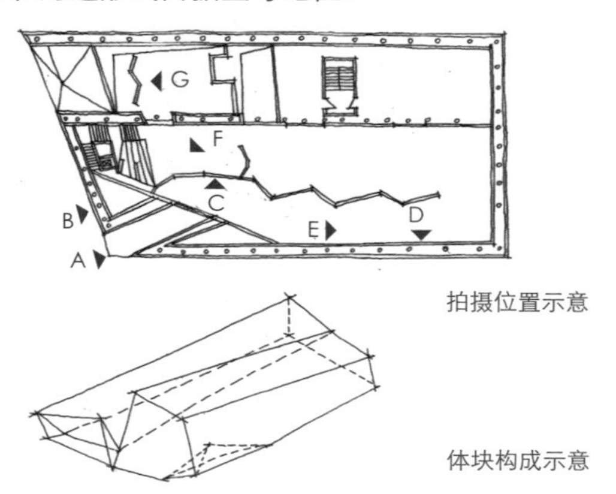

拍摄位置示意

体块构成示意

A入口照明

B外墙照明

C门厅照明

D展厅照明

E展厅照明

F电影院照明

G商业区照明

比利时——欧盟馆

Belgium-EU Pavilion

展馆位置：浦东C片区
场馆主题：比利时馆，运动和互动
欧盟馆，一个欧洲的智慧
设计团队：JV Realys(AOS集团）与Intebuild
调研分析：白文峰

流光溢彩的比利时——欧盟馆

比利时——欧盟馆是一个时尚展馆，空间内设置了欧盟展馆、餐馆、酒吧、VIP 中心。展厅内展示了比利时以其友好的投资环境构成的理想居住地，南极科考经验以及绿色经济的学术研究成果，VIP 中心可召开大型研讨会，出口处展示了精美的钻石及比利时美食。

展馆形体为长方体，正面外墙为透明玻璃幕墙，其余三面为封闭式金属板，幕墙之后的门厅是充满动感与张力的“脑细胞”张拉膜结构，色彩变幻的 LED 灯光叠加其上，使得展馆融入四周流光溢彩的夜景之中。

“脑细胞”结构形象的代表了比利时作为“欧洲首都”的独特地位，寓意着比利时作为欧洲三大传统文化（拉丁、日耳曼和盎格鲁——撒克逊文化）的汇聚地和交汇点所扮演的重要角色，吸引了大量游客参观、探索比利时丰富的文化形式和内涵。

夜晚，比利时——欧盟馆的金属板外表皮和主题墙面内表皮之间的蓝光 LED 灯，为展馆增添了一份温和而冷静的气质。正面玻璃幕墙之后的张拉膜脑细胞结构在变幻色彩的 LED 灯具的照射下，呈现出新奇与迷人的色彩，使得内部装饰与建筑外观形成鲜明对比。建筑入口巨大的顶棚作为内部脑细胞结构的延展，联通了室内外空间，如同一条光的通道，欢迎着四面八方的参观者。变幻色彩的 LED 投光灯映照着脑细胞膜结构，投影仪在膜结构上雕刻着图案与文字，传达着来自比利时和欧盟的信息。展厅内 LED 投光灯照亮了各个展览空间，蓝色过渡空间中星星点点的 LED 内嵌式吸顶灯如夜空中的点点繁星。绿色草皮状“停止”和“创新”字样的展品，在玻璃柱中旋转。文字在柱顶和柱底的环状 LED 灯具的照射下，在地面留下倒影，吸引了大量人群，传达了比利时——欧盟的文化理念，也引发了人们的思考。

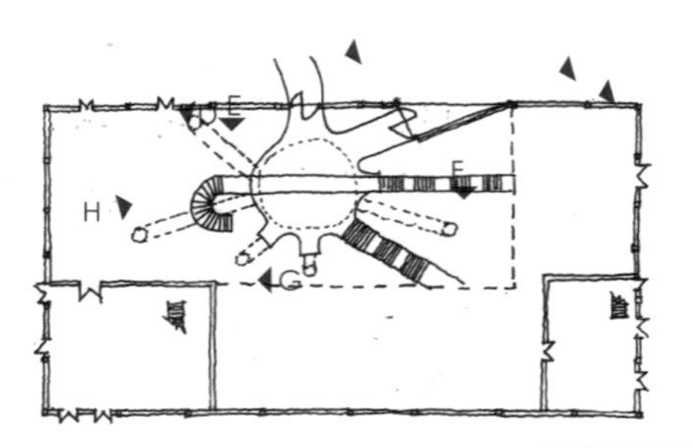

拍摄位置示意

A 外墙照明

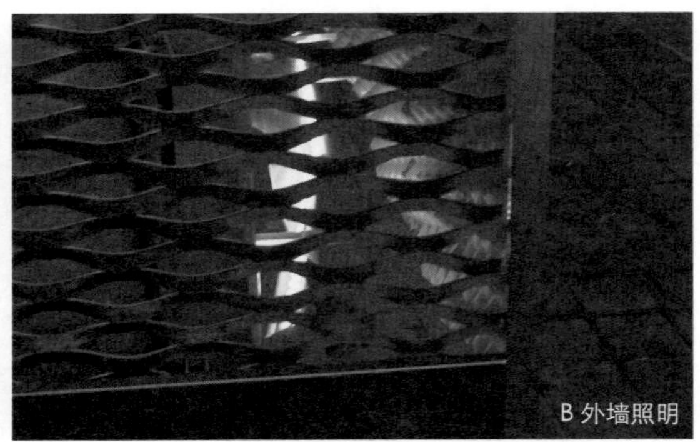

B 外墙照明

C 入口

D 餐厅入口

E 膜结构照明

F 结构照明

G 展厅照明

H 展厅照明

塞尔维亚馆

Serbia Pavilion

展馆位置：浦东C片区
场馆主题：城市代码
调研分析：白文峰

编织城市代码

塞尔维亚国家馆的主题是“城市代码”，展馆是在传统的塞尔维亚建筑基础上改造而成，设计理念来自编织技艺，编织图案上的一个个结代表了城市代码的一个个模块，造型极具现代感和空间感。外墙由多色金属板模块编织而成，模块中安装的 LED 灯具使展馆呈现出绚丽的色彩，把展馆烘托得别样美丽。

时间机器

塞尔维亚国家馆展示方案以“时间机器”打造穿越时空的神奇体验，通过“时间机器”串联起城市的过去、现在和未来，带领参观者穿越时空、畅想更美好的城市生活，并提供更好地利用“时间”的设想。

建筑内部如同一部时钟，展厅、展区、休闲区等，以“时间”为重要元素串联起来，圆弧形的墙面组织了参观流线的同时界定了“时间机器”的内核，墙面上下内嵌的 LED 灯具照亮了时间编码和凸起的文字。文字在墙面上的光影，让人们体会到雕刻时光的记忆。

时钟的内核是一个由飞轮、皮带组成的特殊装置，犹如运动着的“表芯”，其前方展台的地面由玻璃板下安装的方形亚克力模块构成。模块之下安装了 LED 灯具，色彩变幻的灯光增强了穿越时空的神奇感受。

出口一侧的墙面上用点状 LED 灯勾勒出一位老人的半身像，欢送人群的同时提示了人们时间的变化。

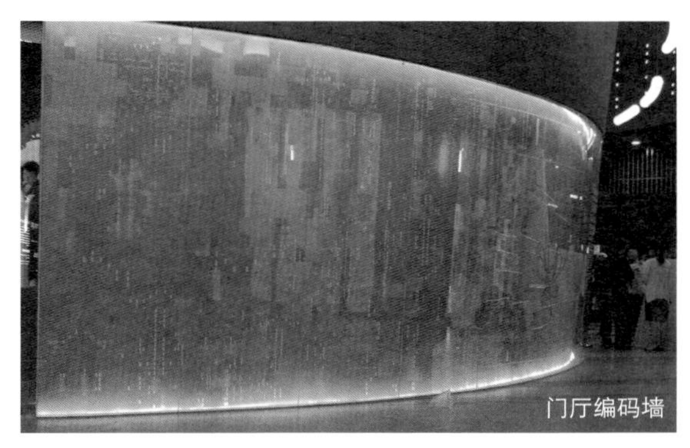

门厅编码墙

时间机器

展示墙

展示墙

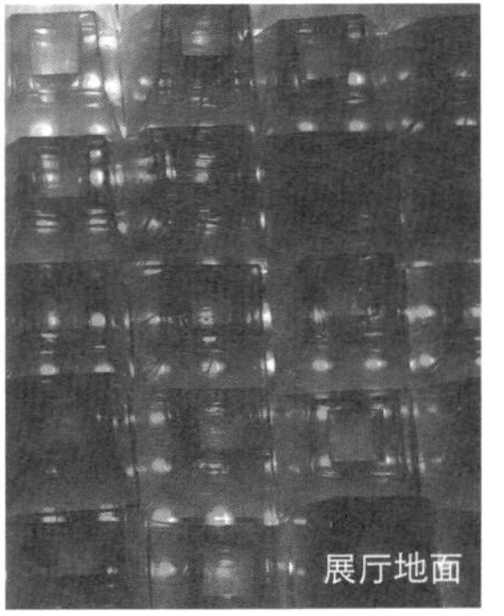

展厅地面

灯光画像

摩纳哥馆

Monaco Pavilion

展馆位置：浦东C片区
场馆主题：摩纳哥的城市和未来，不断发展的城市国家面临的挑战
设计团队：NACO Architecture
调研分析：白文峰

摩纳哥，地中海沿岸的永恒之石

摩纳哥展馆体形犹如“岩石”，外墙环绕着蓝色储水管。建筑外观形象地象征着摩纳哥是地中海沿岸中的永恒之石。

夜晚，蓝色玻璃墙外环形水渠道中的水体汇聚到硕大雨篷的檐口，如同蓝色的瀑布。水渠下部安装了 LED 灯。在灯光的照射下，水体借助于钢丝网，被反射到玻璃上，如同闪闪发光的波浪。

馆内设置了高清电影院，影院中放映 6 分钟的动画电影带领参观者体验史前时代到未来世界中摩纳哥的发展历程，让人们领略到摩纳哥作为一个利用围海造田来扩大领土的岩石之国的独特发展理念。环形屏幕及屋面灯光的设置，让观众如同置身真实环境之中，带给人们一段非同寻常的经历。

影院之外的展厅中展示了摩纳哥具有代表性的保护海洋植物群落的成功案例，并介绍其闻名世界的 F1 大奖赛。屋顶设置的吸顶灯及轨道式投光灯，打造了引人入胜的展示空间。

展厅局部

赛车展示

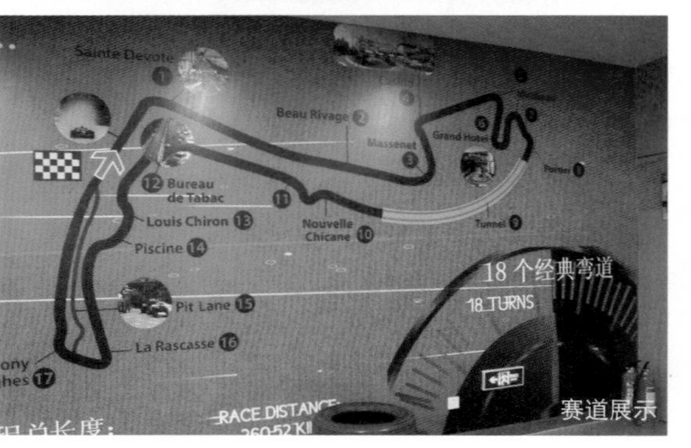

赛道展示

爱沙尼亚馆

Estonia Pavilion

展馆位置：C片区
场馆主题：为城市的明天储蓄智慧
调研分析：曾堃

展馆外墙面色彩缤纷，采用外投光照明，建筑显得生动活泼。外墙照明的灯具安装在墙面构件之间，把灯具隐藏在结构之中，使得建筑在夜间看起来有层次感。

建筑室内通过顶部星罗棋布的灯具进行照明，提供了很高的照度，让参观者感受展厅的明亮开阔。展厅中的大屏幕，向参观者展示了爱沙尼亚的城市生活，并和观众产生互动，征集“城市明天的智慧”。

室内室外照明

拉脱维亚馆

Latvia Pavilion

展馆位置：C片区
场馆主题：科技创新城市
调研分析：曾堃

展馆的外墙由十万个 15cm×15cm 的彩色透明塑料片组成，能够随风摇曳。建筑采用内透光照明，夜间塑料片外墙在室内光线的作用下熠熠闪光。

展馆入口是一个向上的螺旋形阶梯，寓意人类生生不息的发展。通过在结构杆件上固定灯具对该区域进行照明，为入口提供了较高的亮度，吸引参观者进入展馆。

展厅中央有飞行表演，展厅对飞行表演区域设计了重点照明，让展厅成为表演的舞台。

室内室外照明

希腊馆

Greece Pavilion

展馆位置：C片区
场馆主题：充满活力的城市
调研分析：曾堃

展厅入口处的灯具，通过顶部的二次反射提供照度，避免了眩光，使得光照柔和均匀。展馆包括 10 个主题：拱廊、城市与大海、集市、生态、城市一乡村、剧场、共同生活、繁荣、步行道和港口、广场。每个主题都设计了一个单独的展示区域。不同区域的照明设计选择了不同的灯具，通过灯具的改变反映出展示的主题。

室内室外照明

乌克兰馆

Ukraine Pavilion

展馆位置：C片区
场馆主题：从古老迈向现代
调研分析：曾堃

展馆的墙面装饰形似八卦，通过照明的颜色变化使得建筑具有立体感。外墙通过掠射方式进行照明，配合墙面图案体现乌克兰的传统文化。

入口处通过屋顶的灯具进行照明，为参观者提供足够照度。室内墙面上有乌克兰传统壁画，通过在壁画上方安装灯具对其进行投光照明，使之成为室内的视觉重点。

室内室外照明

爱尔兰馆

Ireland Pavilion

展馆位置：C片区
场馆主题：城市空间及人民都市生活的演变
调研分析：曾堃

爱尔兰馆由五个长方体展示区组成，五个展示区由倾斜的过道连接，错落有致地分布于不同层面。各展区分别展现不同时代爱尔兰城市生活特色，着重讲述爱尔兰经济文化发展所带来的城市空间及人民都市生活的演变，体现爱尔兰在城市化进程中对空间的有效利用以及都市可持续发展的理念。

缤纷的 LED 色彩

爱尔兰馆的建筑照明大量使用 LED 线形灯，充分利用 LED 体积小的优势，将 LED 灯具安装在结构组件之间。建筑外立面在 LED 灯的内透光照射下呈现缤纷的色彩，而灯具则被隐藏在结构组件之间灯光效果，让建筑立面五彩斑斓。

爱尔兰馆的LED照明

室内照明

参观者进入展馆后，可沿着美丽的“利菲河畔”开始了一段城市之旅。旅途中，能看到各式由军事建筑改建、重修的美术馆，看到爱尔兰城市交通的情况。结构构件之间的 LED 仍然是室内照明的重点。在利菲河区域，通过结构组件之间的 LED 灯,室内色彩随着外立面的变化一同变化。在展示区域，室外照明的 LED 灯同样改变着室内照明的色彩。

参观者还将踏上爱尔兰首都——都柏林的第一主干“道欧康纳尔大街”，感受爱尔兰城市的变迁。通过一整个墙面的大屏幕，参观者能看到爱尔兰城市、空间及人民都市生活的演变，以及爱尔兰人在有效利用城市空间以及在城市可持续发展上做出的努力。

“利菲河畔”深蓝色调

“利菲河畔”天蓝色调

立面照明与室内照明一体设计

多彩的展示屏幕

挪威馆

Norway Pavilion

展馆位置：浦东C片区
场馆主题：大自然的赋予
设计团队：Reinhard Kropf 和 Siv Helene Stangeland
调研分析：朱丹

挪威的森林

挪威馆以十五棵抽象化的巨型的“松树”，作为结构体系支撑，形成屋顶的新型膜材顶棚。5m 到 15m 高低不等的“树”是一个有机整体，与支起的帆布一起形成高低起伏而富有张力的外观形象，外墙以中国的竹子为装饰。完全暴露的结构体系使进入场馆的游客仿佛置身于北欧的茂密森林。同时屋顶还是一个雨水收集器，设有一款名为“至善若水”的水净化系统，即通过高压水泵把雨水打到超过纳米级的细小微孔里，像筛子一样过滤掉杂质，便可以供游客直接饮用了。

展馆结构

神秘的“北极光”

与结构造型同样，灯光辅助下场馆的主题氛围同样营造充满了挪威的地域特色。场馆重要展示之一就是每晚 7 点至 11 点由 400 支射灯投射到天棚而形成的“北极光”。这些灯光在由 40 台电脑组成的一个强大的计算机指挥系统下协同运作，在顶棚及 100 多个大小不一的显示屏上形成不断变动的绚丽画面。此外，还通过透光半透光玻璃和各种颜色的 LED 灯具塑造出海岸、森林、峡湾、群山等几个部分，来展现遥远的斯堪的纳维亚半岛上的诱人风光。

挪威馆室内局部

土耳其馆

Turkey Pavilion

展馆位置：C片区
场馆主题：文明的摇篮
调研分析：曾堃

历史风貌

展馆拥有红色的镂空外墙、米色的墙体以及表现打猎场景的动物雕刻，设计灵感来自世界上已知最早的人类定居点之一安纳托利亚。外墙镂空孔洞中，既有壁画雕刻，也有立面的开窗。夜间，双层外墙间安装有灯具对壁画雕刻进行照明，配合窗洞透出的室内光线，使得立面统一而又有变化，共同构成建筑的夜间照明景观。

室内照明

土耳其馆古代展厅的室内营造了昏暗的背景，整个室内通过一根光纤提供照度，渲染古老神秘的气氛。对于展品采用重点照明，指引参观者游览展馆，使参观者能快速了解土耳其的历史。在现代展厅中，通过一个 360° 的环幕影院，展示伊斯坦布尔的街头场景，反映出这个城市作为欧洲文化之都的骄傲和荣耀。

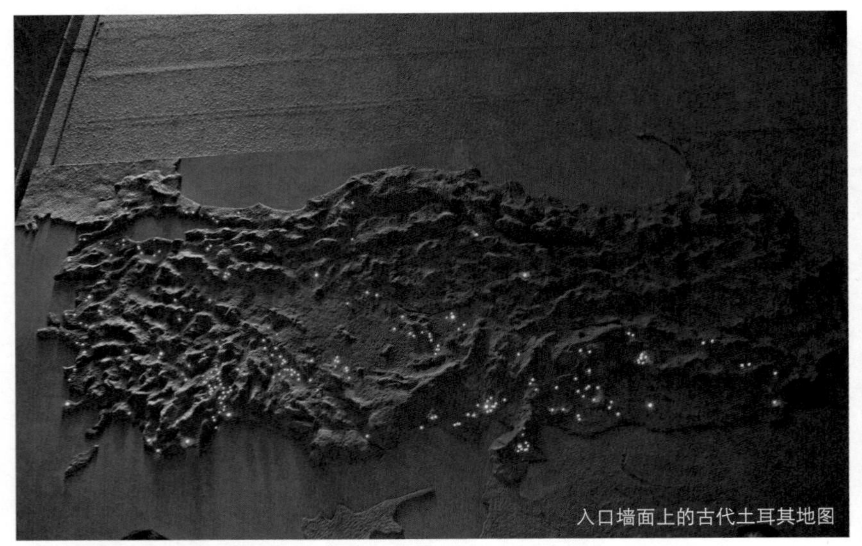

入口墙面上的古代土耳其地图

中国和土耳其的古代日历（重点照明）

黑暗展馆中的一束光纤

360° 环幕影院

冰岛馆

Iceland Pavilion

展馆位置：C片区
场馆主题：清洁能源，健康生活
调研分析：曾堃

冰立方造型

冰岛馆的设计理念是一个“冰立方”，整个建筑被印图面料包裹，以冰的图案作为外墙装饰。展馆采用内透光照明，在夜晚呈现出玲珑剔透的冰的景象，仿佛透过冰川看过去一样。展馆外墙采用冰岛火山岩制成，通过“掠射”方式照亮墙体，极具冰岛特色和立体感。

室内照明

冰岛馆的室内展示是通过影视艺术，使参观者不仅有亲临大自然的感受，又可以体会到冰岛现代城市的生活气息。展馆内大面积运用投影技术，共装有 8 个投影仪，全方位展现冰岛的美丽景色与城市生活。参观者进入馆内，仿佛身临其境，墙面和天花上的投影共同营造一个充满冰雪气息的冰岛实景。在纪念品展示和销售区域，展示柜台玻璃在内透光照明处理下呈现出晶莹的冰结晶图案。

纪念品柜台的内透光照明

室内展示的迷人冰岛景色

通过“掠射”方式照亮的冰岛火山岩墙面

全方位投影技术的应用

瑞典馆

Sweden Pavilion

展馆位置：C片区
场馆主题：创意之光
设计团队：SWECO公司
调研分析：曾堃

建筑照明演绎场馆主题

展馆由四个方形建筑连接组成，共三层，观众可以通过十字形透明玻璃通道，穿梭于建筑物之间。夜间建筑室内照明的灯光透过十字形通道照亮屋面，整个建筑的屋顶组成一面瑞典国旗。

外墙采用带孔眼的钢板，在立面上将其分成不同形状和大小的区域，组成一张城市地图。在分割组件上安装 LED 线形灯，配合钢板孔眼透出的室内光线，营造出独特的内透光照明效果。

镂空的外墙内透光照明

木材料的应用

瑞典馆的结构采用胶合木这种全新的技术，和钢筋混凝土相比，既抗震又防火。展馆通过木材料的应用向世界展示瑞典城市和森林的结合以及对林木的保护。木构件营造出的展馆室内照明，显得轻松温馨，与混凝土建筑的厚重形成鲜明对比。

新型胶合木材料

室内照明

瑞典馆内部包括一个大约 1500m^2 的展览区域，在圆柱屏幕展示区，展馆通过顶部吊灯进行照明，吊灯外面包裹碎花剪纸灯罩，营造出室内斑驳的视觉感受。

在折叠画卷展示区域，通过外投光照明重点照亮展示画卷，配合较暗的室内背景，使得画卷清晰的映入参观者眼帘。区域中间的充气艺术品，在内置的照明下颜色不断变化，同时照亮周围环境，室内的气氛随着颜色的变化给参观者不同感觉。

在二楼商品展示区域，照明灯具经过精心设计，为了避免对参观者造成视觉污染，在光源下增加灯罩，通过二次反射照亮柜台，使得光线柔和均匀。

"碎花"顶部吊灯

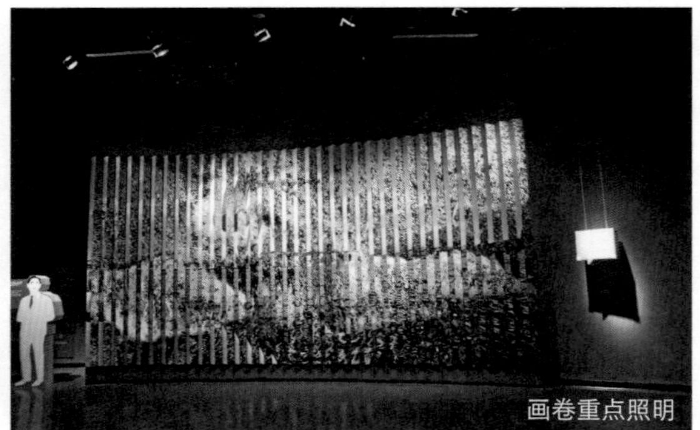

画卷重点照明

照明艺术装置

防眩光灯具

丹麦馆

Denmak Pavilion

展馆位置：浦东C片区
场馆主题：梦想城市
设计团队：比雅克 · 英格尔斯
调研分析：朱丹

丹麦馆的照明设计将灯具与建筑融为一体。灯光被融合进建筑的所有领域：天花板、板凳、墙壁和地面。超过 3500 个全彩色 LED 灯被安装在展馆的外墙孔洞中，灯具由安装在展馆的日光和温度传感器控制，结合专门研制的软件，创造出一种与周围环境和建筑相互作用产生的动态画面，仿佛建筑本身可以发光。镇馆之宝“小美人鱼”，随着 20 个防护等级 IP68 的 LED 灯具的灯光变幻，产生不同的视觉效果。此外流畅的通道上还有 1350m 的白光 LED 灯带，以灯光的语言为游客提供指引。

室内灯光设计

芬兰馆

Finland Pavilion

展馆位置：C片区
场馆主题：“优裕、才智与环境”
设计团队：赫尔辛基建筑设计工作室JKMM
调研分析：曾堃

芬兰馆的造型是一只冰壶，是一个非对称的建筑，表面为白色。展馆的设计灵感来自芬兰的海岛礁石、碧波倒影、天空剪影，甚至还有芬兰原始森林的树木所散发的独特清香。

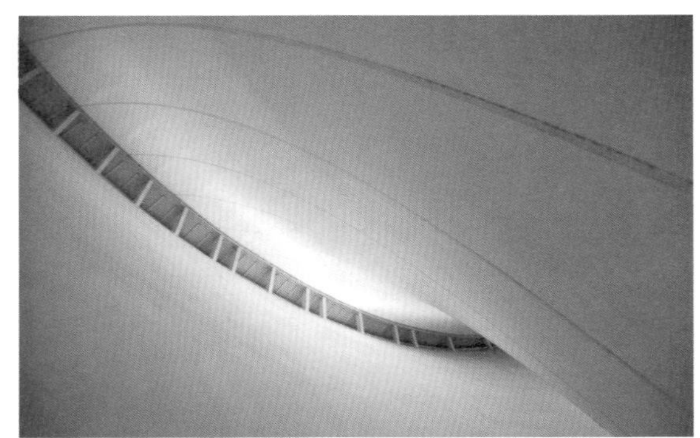

生态环保设计

展馆设计展示了芬兰的生态创新，展示了基于可持续发展的高新科技。墙壁和顶部的开口促进了自然通风；新型轻质墙面、独特的窗户结构都减少了日照引发的热强度；房顶种上植物则用来均衡热负荷。展馆的外墙采用了一种新型材料：以标签纸和塑料的边角余料为主要原料，表面坚硬耐磨，水分含量低，自重轻，不褪色。

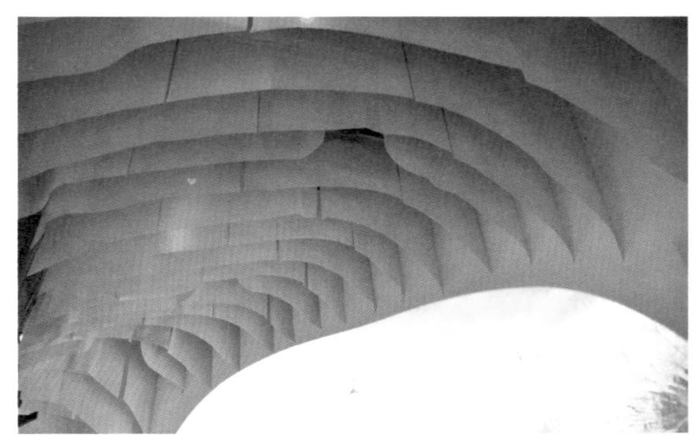

芬兰馆的环保设计及新材料的应用

展馆建筑照明

芬兰馆室外照明主要采用投光照明，灯光映衬“冰壶”的白墙，和波光粼粼的水面相映成趣，获得了良好的夜间照明景观。墙体上经过设计的开窗位置，在雪白的墙面中透出室内略暖的灯光，丰富了建筑的外墙面照明效果。

场馆入口大厅是一个露天空间，采用埋地灯进行照明，埋地灯向上发出的光线经过白色墙面的二次反射照亮室内，避免了直接照明产生的眩光。建筑顶部安装的投光灯，同样在建筑顶部的墙体上形成二次反射，保证室内照度满足一定标准。

展馆二楼展厅通过墙面上一幅幅壮观美丽的画面和景象，清晰地展现芬兰精神的本质。这些场景与国家特色、自然、社会、文化、经济和教育环境之间的深层联系被转化成了一个虚拟的世界和现实紧密相连。

室外水面照明效果

底部墙面的二次反射

展厅展示场景

顶部墙面的二次反射

葡萄牙馆

Portugal Pavilion

展馆位置：浦东C片区
场馆主题：葡萄牙，一个面对世界的广场
设计团队：Carlos Couto
调研分析：俞为妍

建筑大量采用天然环保材料——软木筑成外立面，以表达其创造性的环保理念。内部展示了中葡之交、葡国发展、能源利用、文化展示等内容。内部通过门厅、柱廊展示五个世纪以来中葡文化交流，通廊到达尽头，转向一边后，一个仿里斯本广场的大型空间映入眼帘，通过传统的五行元素来展现现代葡萄牙各方面的发展，以表达其“面对世界的广场”主题。

展馆室内的“悬浮”森林

块面感的营造

葡萄牙馆的建筑本身富有极强的几何感，当夜幕降临，这种块面感在灯光的诠释下变得更加有趣。拼缝处的 LED 灯带划破了黑暗，勾勒了建筑的轮廓线，宛如一座大尺度雕塑。葡萄牙馆低调宁静的外立面静静地体现着它的立体感，与之相比，强烈的 LED 光源却在高调地彰显建筑的存在。

在模仿里斯本广场的空间中，延续着古典美学比例，人工照明的顶棚取代了原始的自然采光。这些排布一致的灯具赋予了广场均匀的韵律感，内在氛围和空间感官体验由这些有秩序的光影来营造。

光纤照明又将参观者带领到了一个现代化进程，光纤细小的末端如繁星点点般照亮展览品。

展馆外立面

室内照明

斯洛伐克馆

Slovekia Pavilion

展馆位置：浦东C片区
场馆主题：人类的世界
调研分析：俞为妍

圆形螺旋纹理在古代欧洲具有生命永恒的象征意义。斯洛伐克馆通过这一核心的视觉元素与游客沟通，圆形螺旋纹类似于中国古代阴阳八卦元素，将过去与现在、东方和西方融合过渡，以此来阐述其“人类的世界”主题。

一组组 LED 光源组成螺旋形纹理，让游客很远就能定位斯洛伐克馆的位置。计算机程序控制着灯光的变化，有序的光影运动赋予展馆生命力。

斯洛伐克馆立面

神秘的光带

LED 光源组成的螺旋形纹理从室外渗透进室内。

室内照明有意塑造成昏暗的效果，设计师意图创造出一副城市变迁的图像。环绕展馆的记忆墙上，雕刻了闪电般的细槽，隐藏在其中的灯具散射的光芒锐利地划破了黑暗，光滑的地面上留下狭长的影子，营造戏剧性的空间效果。在音响和照明装置的配合下，宇宙图案投射到墙面，神秘奥妙的音乐在耳边荡漾，人们似乎找到了历史的痕迹，徜徉在时空长河中。

LED光源组成螺旋纹理

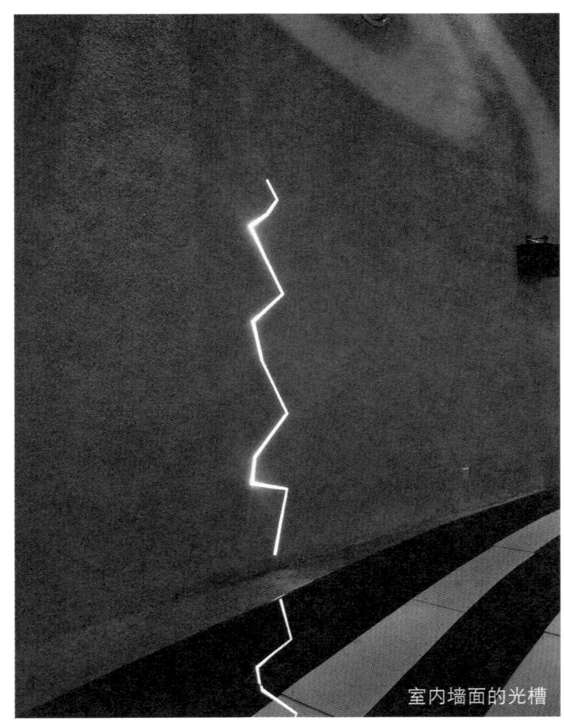

室内墙面的光槽

捷克馆

Czech Pavilion

展馆位置：浦东C片区
场馆主题：城市——文明的果实
设计团队：捷克Film Dekor公司
调研分析：俞为妍

在伏尔塔瓦河畔有一座古老而美丽的城市叫波西米亚，它就像一幅巨大的哥特式建筑拼图，而捷克馆将其搬到了外墙上，用 63415 只黑色橡胶冰球在建筑外立面上拼出捷克首都及历史中心布拉格老城区的风貌。穿过丝带螺旋体状的等候厅进入主展示区，在一片松软起伏的草地上生长出的浮动城市，透过一个个从天而降的虚拟城市化景观“窗体”，演绎“城市——文明的果实”的主题。整个展馆通过高科技的手段，让游客感知城市文明过去与未来的联通，在虚拟和互动中感知城市的魅力。

丝带螺旋体入口

奇妙的投影

夜幕降临，聚光灯照亮捷克馆的瞬间，人们才能发现它的设计奥妙所在。细部的设计语言展现了光线与建筑的融合。设计师用宽光束投光灯为自己提供了舞台。这些投光灯大面积投射于墙面，在光线的沐浴下，黑色的橡胶冰球在白色的立面上拉出了一道道奇妙的投影，每条光线都有自己的存在方式，它们既割裂了空间的印象，同时也起着形成空间印象的作用。这些优雅的投影是人们记住捷克馆的符号。

捷克馆的室内如同空间雕塑一般，网眼天花格栅隐藏在黑暗中，精心设计的投光灯发出不同角度的光线，以便重点照亮某一区域，或者创造多样化的展览空间。墙面上流动着的无限变化着的光线营造了很有气氛的空间品质。棱镜墙前总有游客驻足不前，其中不断变化的图案或奇幻、或神秘，光线创造的空间也可以让人沉迷其中。

室内墙面的光影

棱镜墙

白俄罗斯馆

The Republic of Belarus Pavilion

展馆位置：浦东C片区
场馆主题：空气和水
调研分析：俞为妍

白俄罗斯把其清新的空气、茂密的森林和洁净的淡水当成是其国家最为宝贵的财富。展厅内墙粉刷为深蓝色，电脑技术将其制造成流动的波浪效果，加上蓝天白云的模拟，展示其优美的自然风光，诠释“空气和水”的主题。

白俄罗斯馆入口照明

聚光灯对墙面进行整体照明

照明解读

位于屋顶和墙面交线的投光灯，对墙面进行了整体照明，参观者在夜间也可以观看立面上富有童趣的图画，但是这样尺度和密度的灯具容易造成眩光。入口处的墙面被均匀强烈地照亮，色彩丰富的墙面为游客提供了摄影良机。

进入白俄罗斯馆，立刻会被光影所营造的神秘氛围所感染。场馆中央的地面上有一个大圆盘，环绕圆盘每一个隐藏的灯具透过地面反射出的光点对应一个座位，参观者可以坐下来静静观赏头顶上变化的画面。呼应地面的圆盘，类似巨大灯罩的灯具悬挂于天花，多媒体投影画面在灯光的映衬下给游客带来一场视觉体验。

室内照明

匈牙利馆

Hungary Pavilion

展馆位置：浦东C片区
场馆主题：和谐、创新、热情
设计团队：Tamás Lvai
调研分析：俞为妍

在建筑表现上，匈牙利馆有一个很明显的特点——无论处于馆内馆外，参观者都能看见一根根大约直径 10cm 的木套筒“从天而降”。木质结构和音响系统充分结合，近 600 根悬挂的木套筒系统通过独特运动轨迹创造出一个如波浪般的声场。展馆中垂直悬挂的木制套筒以一定的密度排列，同时进行动态的移动，整体营造出森林般的效果，移动中木套筒或疏或密的排列也表达了对于城市狭小空间的隐喻。匈牙利展馆通过独特的建筑设计表现了城市的发展、变化以及如脉搏跳动般的生命力。

展馆室内的“悬浮”森林

“悬浮”的森林

匈牙利馆外观由数百根木套筒和细水管组成。木套筒内的灯具向下投射灯光，照亮地面。位于水管后方的灯具向上投光，模糊了水管的外观形式，配合潺潺流水，在夜间如同黑暗中漂浮的面纱，光线充盈，光感柔和且宁静，营造出一片幽兰的光环境。立面材料的特性在光线的辅佐下表现得淋漓尽致，黑暗中木头的厚重与晶莹的水管形成鲜明对比。

走进场馆，我们会发现木套筒结构在白天透出自然光，夜间则通过内置的光源点缀出繁星满天的奇妙景象，如同一座“悬浮”的森林，让置身其间的参观者感到新奇、愉悦。取悦参观者的媒介就是这些垂直悬挂着的木套筒，它们从 8m 到 3.5m 长短不一，有的是固定的，有些可以移动。站在木条下，等待闪烁的光芒渐渐靠近时，它们却在触碰头顶的刹那停止，顽皮地离你远去。光影这一元素以其跳跃的舞姿丰富着这个小小的展馆，穿行在人与自然的对话中。就连优雅的“Gomboc”也展现出它灿烂的一面。其抛光金属反射上空投射的灯光，随着音乐掩映生辉。

木套筒和“Gomboc”

塞浦路斯馆

Cyprus Pavilion

展馆位置：浦东C片区，欧洲联合馆1
场馆主题：互动之城
调研分析：俞为妍

互动之城

塞浦路斯馆以“互动之城”为主题，展示自然生态与人文创造、历史与未来、传统与科技以及来自不同文化人民之间的密切互动。

暗藏在顶棚内的一连串精致的灯具点亮建筑空间，指引参观者的游览路线，墙面上悬挂着动态影像，摄影作品以折面的形式附在透明玻璃上，这些照片被均匀地照亮，在黑暗中散发神秘的魅力。简单的照明设计方法与展品巧妙的结合，创造了一种迷幻般的空间感受。

展览的焦点是维纳斯像，由投影仪投射影像组成的围和空间中的一角处静静地摆放着一座维纳斯像。设计师并没有给维纳斯重点照明，但在动态的光影中，维纳斯维持着其不变的优雅，光线变成了空间氛围的营造者。

室外照明

展示与照明结合

维纳斯雕像

欧洲联合馆一

Europe Joint Pavilion 1

展馆位置：浦东C片区
调研分析：俞为妍

圣马力诺
The Republica of San Marino

作为世界上仅次于梵蒂冈的小而古老的共和国，整个展厅的装饰和布置充满着中世纪欧洲的气息，按实际尺寸复制的位于圣马力诺中心广场上的自由女神雕像矗立在展厅中央。

展厅天花板上的射灯为雕像提供了重点照明，光线由弱至强均匀变化，女神逐渐从黑暗中凸显出来，雕塑细节也随着立体效果的完善而变得精美。

圣马力诺自由女神雕像

塞浦路斯的展品

列支敦士登
Principality of Liechtenstein

光的魔力是无穷的，展馆入口处的钻石估计欺骗了无数游客。它利用光的魔力活生生把宝石藏到了玻璃底下，使得游客只能摸着它的幻影来感受它的珍贵。室内楼梯照明精致而含蓄，灯具隐藏在踏板下，游客可以放心行走。大大的气垫床让人忍不住一下子扑上去，躺着看头顶屏幕中播放的美景，让人心旷神怡。50000 张列支敦士登邮票组成了一幅巨幅古典风格油画，在光影的辅佐下展现令人惊叹的效果。

列支敦士登入口处的钻石

列支敦士登室内楼梯

欧洲联合馆二

Europe Joint Pavilion 2

展馆位置：浦东C片区
调研分析：俞为妍

阿塞拜疆
Azerbaijan Pavilion

展馆主要展示了阿塞拜疆在丝绸之路上运输东西方珍宝、传递信息、传播知识文化的情景。

展厅以一道暖色的光带指引游线，象征着丝绸之路。全彩 LED 灯向上投射打亮石膏柱，不同光色的混合在雪白的背景上留下了多彩的光影。

象征丝绸之路的照明

光影丰富的立柱

摩尔多瓦
Moldova Pavilion

摩尔多瓦馆在一个堡垒中展示城市的历史、现在、未来以及独具特色的酒文化，浓郁的民族风情使置身其中的我们感受到该城市深厚的文化积淀。

在灯光设计方面，摩尔多瓦馆略显简单。展厅中央的一个不规则装置上悬挂着当地的风光照片，背部光源将图片打亮，配合天花板悬挂的投光灯，作为展厅的主要照明方式。

摩尔多瓦室内照明

黑山馆

Montenegro Pavilion

展馆位置：浦东C片区，欧洲联合馆二
场馆主题：黑山——文明与自然间的桥梁
调研分析：俞为妍

黑山展馆设计灵感来源于黑山自然风光。外立面由金属板制成，颇具现代感，抽象的几何图形让人联想起绵延的群山，配以色彩斑斓的投影，营造出绝佳的视觉效果。森林、自然公园、沿海城市等展项全方位展示了黑山的无穷魅力。“群山”模拟了著名的洛夫琴山，地面坡度随着参观者的前行逐渐变得陡峭。

荧光的立柱

设计师选用黑色的背景，以一种奇妙的方式衬托出光源。玻璃制成的精致立柱，通体晶莹，在黑暗中光影舞动，起到了界定参观线路的作用。黑山自然风光的展板背后，灯具隐藏其中。空间与灯光之间的对话是基于慎重的选择，绿色的灯光在和谐、刺激的氛围中反复出现，不断挑战参观者的视觉敏感度。

室内照明场景

展板细部

波黑馆

Bosnia and Herzegovina Pavilion

展馆位置：浦东C片区
场馆主题：整个国家，一个城市
调研分析：俞为妍

波黑馆的外立面给人的第一感觉就是鲜明活泼，它用 60 幅波黑和中国儿童创作的水彩画来表现人类、生活、城市、环境等主题，透过孩子们的视角，以一种童话的方式来对我们所处的这个世界进行诠释。展馆内部空间曲线形似“8”字形的魔比斯环，在空间的上下起伏、内外翻转中仿佛又要绕回原点，“整个国家，一个城市”的互生主题即隐喻其中。

失色的波黑

波黑馆的照明比较简单。它的立面照明过于简单，仅仅通过地面一系列宽光束投光灯投射墙面，儿童水彩画的精彩在夜间失去了它的灵动和童趣。除了入口处设置的投光灯外，再无其他人工照明，在黑夜中波黑馆很容易被其他光彩夺目的展馆所掩盖。

中南美洲联合馆

展馆位置：浦东C片区
调研分析：王茜

Joint Pavilion of Central and South American Countries

中南美洲联合馆是在原上钢三厂厚板车间的老建筑基础上进行保留改造后形成的。其中共有11个馆，这些馆更多展示的是本土文明，所以照明主要考虑的是显色性。比如，其中的玻利维亚馆用本地的草席、还有本土的编织物贴在内墙面上。照明上就主要考虑对材质的质感的表现。除了这些，还有就是通过照片和投影来展示各国的文化生活。另外，有些馆通过仿制品或者雕塑来展示本国的历史遗迹。比如，洪都拉斯馆内展示了有玛雅神庙的仿制品，但是在照明上就欠缺一点，没有专门对这个神庙进行照明设计，所用的照明没有很好的还原神庙的色彩，且眩光严重。

中南美洲联合馆室内外夜景

加勒比共同体联合馆

展馆位置：浦东C片区
调研分析：王茜

Caribbean Community Pavilion

加勒比共同体联合馆的整体色彩具有加勒比地区的特点，以白色、黄色以及蓝色作为主要色调。外立面主要采用了海蓝色，在投光灯的照射下很引人注目。加勒比共同体内各馆采用的色彩比较丰富，虽然照明大多采用传统的节能灯，但是并不影响展馆的视看氛围。比如，苏里南馆色彩丰富的木质小屋以及展出的石像，虽然是用节能灯来照明，但是依然能感受这个展馆传递出来的纯朴的苏里南风情。还有多米尼克馆内的小金人，在原始森林挂图的背景映衬下，不需要特定的射灯也展示出很好的效果。再加圣文森特和格林纳丁斯馆内的照明基调是酒柜展示，主要采用金卤灯。

加勒比共同体联合馆室内外夜景

智利馆

Chile Pavilion

展馆位置：浦东C片区
调研分析：王茜

智利馆室外照明

光铸的水晶宫

智利馆结构是由网状梁和钢柱组成的，外围护采用的是水晶 U 形玻璃。夜晚，随着室内灯光的开启，钢构的梁柱结构也通过 U 形玻璃隐约透现，室内多种色温的灯光作用在外表皮上，使主体外立面呈现出晶莹剔透的效果。又因为智利馆立面呈现出波浪起伏的形状，因此在夜晚，整个主体结构就像起伏的水晶杯或者剔透的水晶宫。

智利馆室内照明

光述智利

参观者由坡道引入室内，坡道的照明由间接照明实现，看不到灯具，只看到由坡道两侧埋地灯向上发出来的光，形成沿坡道的弧线光带，引导参观者进入。随后可以看到头顶有个倒置的女孩房屋，没有夜晚的灯光照明，有点遗憾。地面大多采用埋地灯，辉映着木质的地板和木质屏风墙，营造了温馨的室内环境。进入大厅的一个圆弧通道，两边都是不断变换着热情的智利人的投影，通过投影前格栅下的 LED 灯，实现照明并进行色彩变换，创造生动的通行空间。随后进入的区域都通过投影来展示城市生活。最后的一个展厅的照明是采用商业空间照明模式，因为这个空间主要用作智利本土产品展示和销售，需要显色性很强的照明效果，给参观者一种舒适的购物环境。

委内瑞拉馆

Venezuela Pavilion

展馆位置：浦东C片区
调研分析：王茜

委内瑞拉展馆平面形似 8 字，使得室内室外浑然一体，没有明显的分界。白天可以引入自然光进入室内。室外梯形的楼梯和棱角分明的几何形屋檐和立面，在夜晚灯光照射下很有折纸的效果。

在室内，放映厅的台阶引导灯采用的也是与室外一样的紫色调，营造一种很舒适的室内观赏氛围。内部的回廊是内部广场和室内的分界，回廊窗纱也选用紫色调，在垂直投射灯的作用下，灯光柔化，界线更加模糊，使得室内外相互融入。整体来说，委内瑞拉的照明方式并不多样，但是色彩以蓝紫色和红色为主，也让人视觉受到一种新鲜刺激。

委内瑞拉馆室内外照明

古巴馆

Cuba Pavilion

展馆位置：浦东C片区
调研分析：王茜

古巴馆建筑立面比较简单，但是通过立面上大面积的深蓝色与部分红色，在边上广场高杆灯光及入口处下投灯光的互动下，在夜晚非常引人。

馆内大多采用了壁灯，内墙面都是黄色、橙色等暖色调，和它本身展示古巴本土居住空间相得益彰。古巴馆内还设有酒柜及雪茄展示部分，采用的也是卤素射灯，显色性很高。除了实物展示外，有大幅的画面来显示古巴风情，虽然顶上只是用的节能灯来照明，但是一点不影响室内所弥漫的古巴风情。

古巴馆室内外照明

墨西哥馆

Mexico Pavilion

展馆位置：浦东C片区
调研分析：王茜

墨西哥馆室外最引人的是它的风筝广场，红、黄、紫、蓝和绿等多种颜色的风筝在夜晚的灯光照射下，就如在黑暗中随时准备展翅的小鸟。风筝是由可回收的透明聚酯纤维制成，在这里，灯光和材料进行了很完美的配合，凸显了墨西哥馆风筝的主题。风筝下部的白板，在白天可以将日光反射进入室内，晚上点亮每一个风筝就成为光的艺术装置。

墨西哥馆室外夜景

多样的室内照明

墨西哥馆主要采用投影来展示墨西哥的风土人情以及所关注的城市与环境的关系。刚进入馆内就能通过投影来了解墨西哥的历史发展，随后通过不断变化的元素与灯光的互动，营造一种动态的感觉，让人感觉到城市的浮躁不安。特别是立在墙上的模型人，在光的照射下，在墙上形成各种不同的影子，非常富有动感。由各种几何体形成的凹凸不平的墙面在投影仪的作用下，投影出一种非常动感的画面。室内几颗立柱在射灯的照射下，更呈现出远古的气息。总体而言，墨西哥馆室内运用了动态造型与灯光的互动，营造一种富有层次感的光影空间，让置身其中的参观者有了全新的体验。

墨西哥馆室内照明

加拿大馆

Canada Pavilion

展馆位置：浦东C片区
场馆主题：充满生机的宜居住城市，
包容性、可持续发展与创造性
设计团队：Carl Grimard
调研分析：王茜

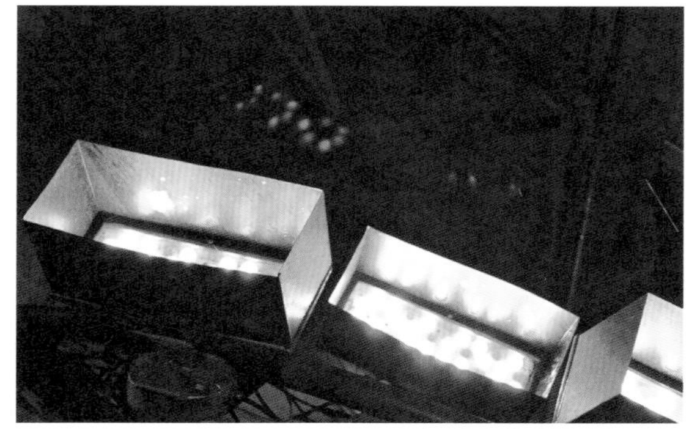

加拿大馆位于世博园区的 C 片区。外表皮密布的木格栅形成的各个单元犹如钻石各个面，使得建筑外立面呈现高低起伏的姿态，在灯光的照射下，就像一颗颗璀璨的钻石，尤为引人。

LED 照明与建筑表皮的结合

加拿大馆有内外两层外表皮。靠内是大概 3m 左右间隔的钢构网格，外表皮是红杉木密布的木格栅。两层表皮之间安装有 LED 投射灯，当灯光投射到两层表皮之间时，不仅很丰富细致地表现了外表皮的质感，更把加拿大馆外立面的钻石形态表现无遗在游客眼中，夜晚的加拿大馆就是由多颗发光的钻石组成。而发光的感觉就是 LED 灯与通透木格栅建筑材料结合得来的效果。

加拿大馆室内照明

无枫之“枫”

加拿大馆内照明主要分三个特点，第一个特点是入口处的屏风墙及室内正中“飘带”光影互动。屏风墙上用中英文刻着加拿大的人文历史，文字是镂空的，而屏风墙也是镜面反射材质的，屏风墙在边缘灯光的照射下，创造出光影斑驳的环境。配合同样使用镜面反射材质的“飘带”，在灯光照射下展现的红彤彤的枫叶颜色效果，确定了室内灯光颜色的基调。第二个特点则是水幕电影与人的互动。展馆一侧有一池水，水下有 LED 感应系统，只要人触摸水幕，就会在水幕上产生不同的景象。第三个特点则是观众可与之互动的自由变化的三维屏幕。观众可以通过骑自行车的形式，随着骑车速度的增减，来影响前方屏幕图像以及音响的变换。同时，反映加拿大城市生活的三维电影也极大丰富了展馆内的光影效果。

加拿大馆室内照明

巴西馆

Brazilian Pavilion

展馆位置：浦东C片区
场馆主题：动感都市，活力巴西
设计团队：Fernando Brandão事务所
调研分析：葛亮

碧绿的“鸟巢”

巴西馆立面使用可回收木材作建筑表面装饰材料，形成展馆建筑表皮。其颜色来源于把戏国旗的黄绿色，宛如一个“碧绿的鸟巢”。在建筑表皮后暗藏有 LED 线性灯具，向内投光，以形成木条交错的剪影效果。通过 LED 灯具不同颜色的变幻，形成不同的建筑视觉表情。

神奇的全景舞台

巴西馆的中央展厅是一个由 4 块长方形屏幕组成的全景舞台，每块屏幕的面积达 $48m^2$。视频投影机安装于天花板处，投影于屏幕上以表现巴西的城市生活，同时为地面提供一定的照度。另外，场馆还配有音响设备，参观者在这一矩形空间内体验声光影所到之处带来的视听感受。

互动多媒体技术

巴西馆内的展示采用等离子显示屏的多触点技术，观众在屏幕上可随意翻动来观察山川、花鸟、人物的不同方面。人们通过立体、多面的感知，最终对巴西真实的自然产生丰富的想象。该区域环境亮度较低以突出多媒体显示屏，成为展示空间的视觉焦点。

立面细部

立面细部

全景舞台

等离子显示屏

美国馆

USA Pavilion

展馆位置：浦东C片区
场馆主题：拥抱挑战
设计团队：鲍勃·罗杰斯团队
调研分析：葛亮

美国馆外观像一只展开双翅的雄鹰，欢迎远道而来的客人。广场前的树木通过埋地灯照亮，外立面通过水下灯具的泛光照明结合内透光，达到良好的效果。

室外照明

哥伦比亚馆

Columbia Pavilion

展馆位置：浦东C片区
场馆主题：激情哥伦比亚，活力都市
调研分析：葛亮

哥伦比亚馆的立面简洁，在夜景照明中着重突出了展馆主入口外墙的“高塔”，其上布满各种蝴蝶装饰，别具热带风情，五彩光束分别从上下两端投射高塔，很有艺术感。

在等候区的门厅内，通过不同的灯光场景，来缓解观众等待的疲劳；展示区大厅上方悬挂一个由18朵花瓣组成的装饰灯具，使空间变得既美观又大方。

室内外照明

埃及馆

Egypt Pavilion

展馆位置：浦东C片区
场馆主题：开罗，世界之母
调研分析：葛亮

建筑底部采用埋地灯进行泛光照明。室内有一体量巨大的环形“丝带”，盘绕贯穿于整个空间，它采用了埋地灯进行投射。整个展示空间沐浴在紫色光中，给人一种神秘感。

室内外照明

秘鲁馆

Peru Pavilion

展馆位置：浦东C片区
场馆主题：食物哺育城市
调研分析：葛亮

秘鲁馆立面采用虚实对比，下虚上实。在下部“虚”的区域，局部采用内透光的方式，选择竹竿做装饰，在交织的缝隙中透出光线，给人朦胧的美感。在上部“实”的区域，主要突出背发光的秘鲁馆标识。照明结合外立面特点，设计到位。

室内外照明

立陶宛馆

Lithuania Pavilion

展馆位置：浦东C片区
场馆主题：盛开的城市
调研分析：葛亮

立陶宛馆为一个矩形体，展馆内外设计较简单。部分外立面采用泛光照明，在入口排队区顶棚下有规则的布置了两排 LED，照亮了等候区域。

室外照明

安哥拉馆

Angola Pavilion

展馆位置：浦东C片区
场馆主题：新安哥拉，让生活更美好
调研分析：葛亮

安哥拉馆立面外墙以非洲木雕为装饰，表现安哥拉的民族特色。主入口处有一大型电子屏幕宣传该国文化特色。馆内主要通过数字显示屏宣传该国的经济、政治、文化等特色；各国民族艺术品则通过橱窗内的灯具从下照亮。展馆地面四周用一条 LED“光带”分割了展品与观众区域。

室内外照明

尼日利亚馆

Nigeria Pavilion

展馆位置：浦东C片区
场馆主题：我们的城市——和而不同
调研分析：葛亮

在夜景中，尼日利亚馆通过自发光的标识和装饰构件彰显其特色。整个室内空间照明的高照度，用暖色调的光源营造出热烈欢快的氛围，使人有进入炎热非洲大陆的感觉。

室内外照明

利比亚馆

Libya Pavilion

展馆位置：浦东C片区
场馆主题：undefined
调研分析：葛亮

利比亚馆室内照明设计活泼有趣。展厅犹如一个小型博物馆，主要通过展墙结合部分实物展品的方式向人们介绍该国的经济政治文化。照明设计考虑了人的尺度，着重打亮了人眼高度处的展板区域，使人能较易注意力集中于重点。在局部，将小型投光灯放于走道两边的地面，通过侧面溢出的光照亮整个空间。

室内外照明

突尼斯馆

Tunisia Pavilion

展馆位置：浦东C片区
场馆主题：融于自然的热力之都
调研分析：葛亮

突尼斯馆的夜景照明很好地考虑了建筑不同材质的照明效果，主入口外采用掠射投光方式，使得玻璃透着微微的蓝光，给人以神秘感。暖黄色的内透光照明下精细雕刻和镂空的传统图案给人大气和恢宏感。夜里，突尼斯馆就像一座神秘而雄壮的宫殿吸引着广大游人进入。

室外照明

阿尔及利亚馆

Algeria Pavilion

展馆位置：浦东C片区
场馆主题：父辈的屋子
调研分析：葛亮

阿尔及利亚馆的建筑风格采用了北非和当地传统建筑风格。简单而明确的几何形体错落有序。室外照明选择性地照亮了几个墙面，形成了明确的明暗对比效果。

在室内，展厅分为两个风格。其照明方式也有所不同。一是古建风格，参观者可在馆内仿建的"街道"中漫步。温和舒适的灯光重点表现街道建筑独特的柱与拱券以及老城适宜而舒适的生活环境。另一种是发展为主线，用于展现新城的建设规划。位于不同方位的大屏幕通过不断变幻丰富的颜色吸引游人眼球，突出高新技术和现代化建设，展现出过去、现在和未来的城市文化和谐关系。

室内外照明

斯洛文尼亚馆

Slovenia Pavilion

展馆位置：浦东C片区
场馆主题：打开着的书
调研分析：葛亮

“打开着的书”

斯洛文尼亚馆以“书”为设计创意之源，其主题为“打开着的书”。建筑立面呈一个颇具吸引力的“书架”，陈列于书架之上的是千余本各种书的造型，并构成建筑的表皮。为实现良好的视觉效果，在建筑表皮“书架”的内侧，每一排都配有琥珀色的光，以强调书架的整齐与序列感。另外，在夜景照明中着重强调了门厅边发光的高塔。用以提示建筑的入口位置与建筑的整体形象。

室外照明

丰富艳丽的空间

斯洛文尼亚馆室内空间灯光效果抢眼，尤其是对光色的运用非常大胆，红、黄、蓝、绿等艳丽的颜色让人眼前一亮。它通过不同颜色的变幻创造出奇妙的室内空间，时而温馨时而激烈。馆内展区主要分八本巨型“图书”，展示该国经济、文化、科技、自然、人文、体育等方面的内容，在奇幻灯光的配合下，参观者可从知识符号开始进行一段“打开书本，遨游书海”的壮观旅程。

展厅室内

室外道路照明

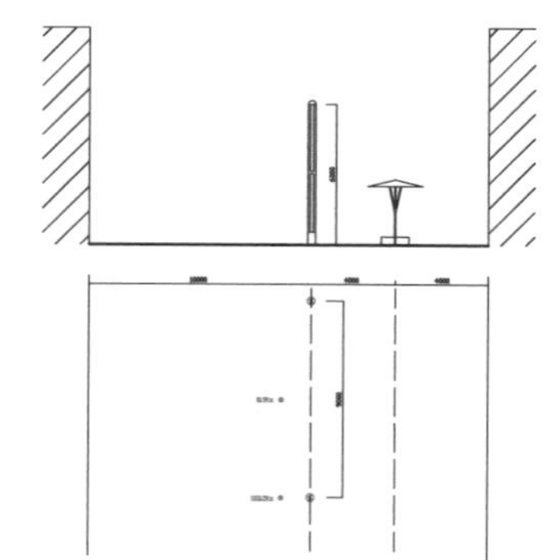

馆外道路

南非馆

South African Pavilion

展馆位置：浦东C片区
场馆主题：一个现代经济的崛起——是时候了
调研分析：葛亮

南非馆是一座立方体建筑，造型简洁。主入口的照明采用上下出光的壁灯，兼具装饰与功能性照明的作用。南非馆室内主要依靠均匀分布的下照灯具提供地面与侧面展墙的照明。另外，展示中还结合一些间接照明的方式细致而柔和地表达了南非的风土人情。

展厅室内

阿根廷馆

Argentina Pavilion

展馆位置：浦东C片区
展馆主题：阿根廷独立两百周年纪念；
　　　　　人文与城市建设成就礼赞
调研分析：葛亮

室外隔栅的照明

阿根廷馆建筑的外观是由竖向的隔栅条板组成，建筑外观照明彰显了隔栅的韵律。通过在隔栅条板的上下两端安装窄光束投光灯，以求均匀照亮隔栅整体，从而展现建筑的整体魅力。另外在建筑的一侧安装了一个 LED 大屏幕为突出其足球运动优良传统，上面反复播放该国足球明星集锦。

室内的发光地板

阿根廷馆的门厅照明采用下照筒灯与侧壁灯相结合，很好地满足了功能与装饰照明的要求。市内主展厅，采用了发光地板的展示方式，它既解决展厅内功能性照明问题，又结合 LED 多媒体屏幕展示了阿根廷的文化传统。

蓝与白的主色调

阿根廷馆的室内外照明都很注重与其国旗的蓝白颜色相协调。大到装饰灯具、多媒体展示屏幕，小到入口标识和灯光控制，都尽可能采用蓝色和白色，使人有身临这一南美洲神奇国度之感。

入口门厅

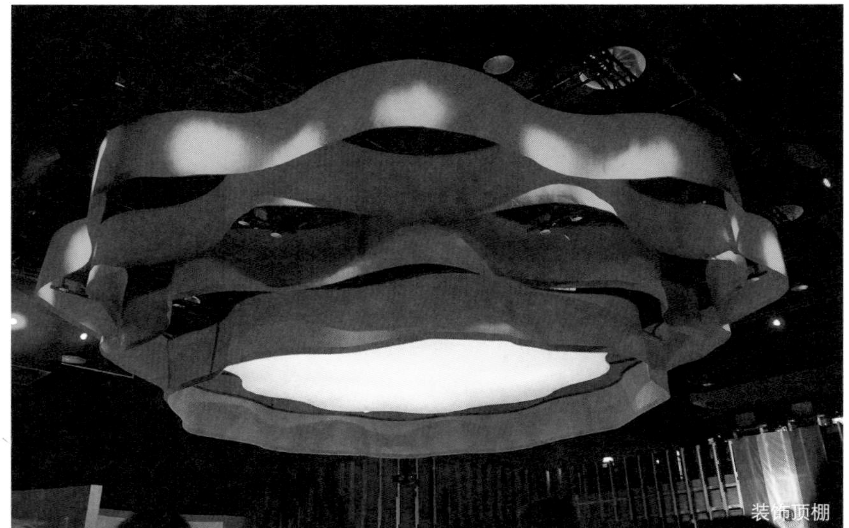
装饰顶棚

展厅室内

展厅室内

俄罗斯馆

Russia Pavilion

展馆位置：浦东C片区
展馆主题：新俄罗斯：城市与人
设计团队：P.A.P. ER architectural team
鲁别诺维奇·埃拉别托夫·列翁
调研分析：侯晓阳

展馆概述

展馆外观既似花朵，又似“生命树”，12个“花瓣”形成塔楼，顶部的镂空图案则表现了俄罗斯各民族的装饰特色。夜晚，塔楼的白金颜色会变成黑、红、金色，三种颜色交相辉映体现了俄罗斯传统色彩。塔楼的“根部”蜿蜒至中央广场的“文明立方”，形成“人”形标识。其外部装饰组件可以自由排列，形成巨幅“活动画面”墙。

富有生命力的镂空塔楼

塔楼由白、金、红三种颜色构成，白色和金色塑造了俄罗斯建筑的历史形象，而以红色为底，加之俄罗斯各民族元素的图案，则赋予了塔楼顶部镂空部分以生命力。

展馆夜景

千变万化的动态色光屏幕

俄罗斯馆是一个具有异域风情的国家自建馆，照明设计师为了体现民族特色，在展馆照明设计中运用了一些具有民族特色的颜色——白色、红色和金色，这是俄罗斯民族服装所应用的主要颜色。金色和红色在俄罗斯历来是美丽和繁荣的象征，白色则意味着纯洁和虔诚。场馆的室外照明设计充分的考虑了这一点，着重从灯光照明上使这些元素更加突出。通过展馆周边的低位灯具照明，突出了下部白色木制材料；金色与红色光线从场馆内部透过上部镂空处发散出去，在夜幕中，三种颜色构成千变万化的动态色光屏幕，给人以震撼的视觉效果。

室外照明

浩瀚的星空

如右图所示，展馆一层的天花板上采用嵌入式照明灯具，以透光照明方式创造出一副浩瀚星空的美妙画面。

科技展示

馆内一层科技展示区域内通过高效节能的紧凑型荧光灯相互串联的节能灯与 LED 高清显示屏相结合的展示方式向人们呈现了俄罗斯近年来的科研项目与城市创新理念。

时空隧道

来到科技展示区的游客仿佛置身于时空隧道之中，隧道尽头是一根长约 10m 的透光显示管，显示管直通展馆顶部。顶部为一块有机玻璃，玻璃背后设有照明灯具，光线透过有机玻璃的反射与折射使展馆屋顶犹如夜晚的星空，繁星点点。

室内照明

奇妙的未来空间

展馆内的色彩会根据一年四季的色彩轮流切换。所有的效果通过颜色、声音、光的变化来实现，当然要实现这样的效果需要许多现代技术手段，特别是一些先进的照明技术。设计师希望俄罗斯馆向大家呈现出一些有趣的东西，带领每一个观众进入一个奇妙的未来空间。在室内灯光照明中，设计师较多采用低照度的 LED 灯具与投射灯具，创造出了一个奇妙、神秘并且充满童话色彩的世界，仿佛是善良温和的孩子喜欢的世界，充满了童趣。

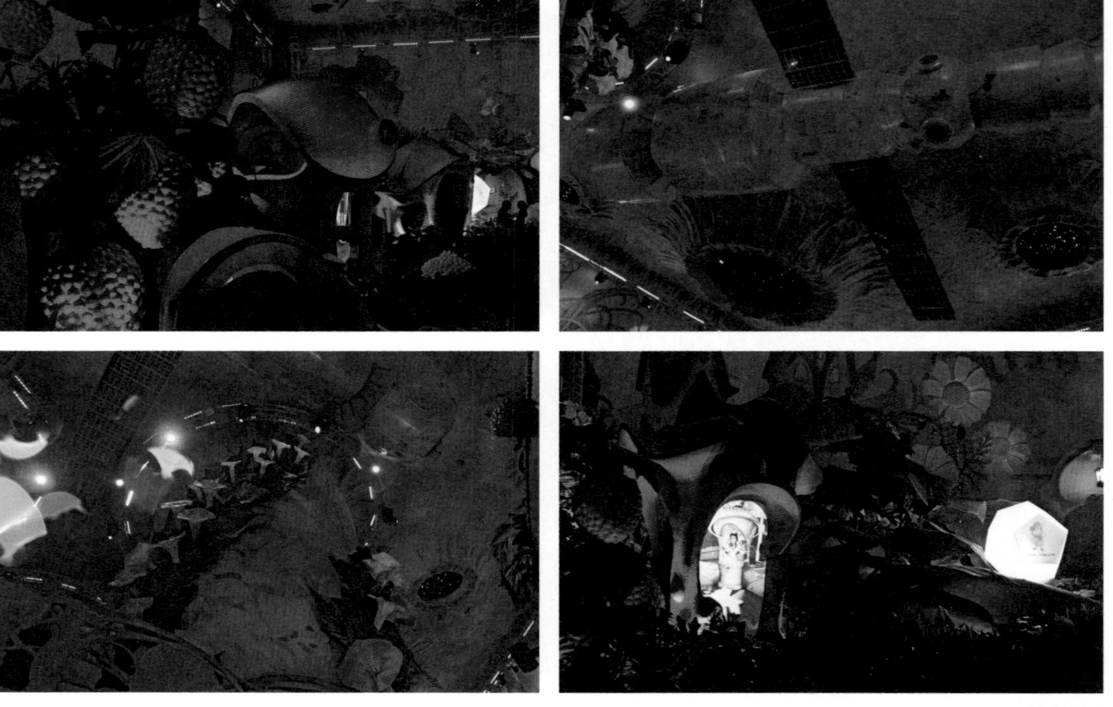

室内照明

克罗地亚馆

Croatia Pavilion

展馆位置：浦东C片区
场馆主题：多样的城市，多样的生活
调研分析：侯晓阳

展馆夜景

展馆概述

展馆外观的颜色主要由红白两色组成，主色调为克罗地亚的大红色，外立面钢架插满小旗，迎风飞扬，动感十足。展馆无论建筑设计还是照明设计都呈现给观众海滨国家克罗地亚多姿多彩的生活方式以及城市的蓬勃发展，让观众领略到内陆和沿海、古城和新城之间的异同。

展馆走读体验

展馆内主体展示空间的两侧墙上，分布着若干幻灯机，运用多媒体技术播放短片、照片等影像资料，以克罗地亚人的日常生活为内容，展示当地城市的独特韵味。

克罗地亚是领带的发源地，馆内纪念品商店的照明设计以展示空间照明方式为主，我们展示了克罗地亚各具特色的领带和女士披肩等特色商品。

夜景照明

罗马尼亚馆

Romania Pavilion

展馆位置：浦东C片区
场馆主题：绿色城市
设计团队：SC M&C Strategy Development
调研分析：侯晓阳

展馆概述

罗马尼亚国家馆以绿色为主题反映城市中的历史文化遗产，表达罗马尼亚致力于更美好生活的良好意愿。展馆昵称“青苹果”，设计灵感来源于罗马尼亚最受欢迎的水果——苹果，表达了绿色城市、健康生活和可持续发展的理念。展馆内设有文化展示区、论坛和餐厅等，观众在参观展览之余，不仅可以欣赏到具有罗马尼亚民族特色的演出表演和电影，还可以在优雅舒适的环境中品赏地道的罗马尼亚美食。

切开的苹果

建筑由两部分组成：苹果的主体部分和切块部分。主体部分为五层，顶层舞台全天候上演民俗表演。切块部分展示罗马尼亚悠久的历史、主要的城市活动以及首都布加勒斯特的风貌。

奇幻的变色效果

罗马尼亚馆的外墙是玻璃幕墙材质，内为钢结构，设计者通过室内外的灯光来实现“青苹果”变色的奇幻效果，使之在夜晚更加迷人。

美轮美奂的灯光舞台

展馆的全天候文化舞台是展馆的重点区域，在照明设计中，文化舞台采用了多种照明灯具：轨道灯具、垂吊式灯具、嵌入式灯具与室外投射灯具相结合，创造出了美轮美奂的舞台灯光效果。

室外夜景

奥地利馆

Austria Pavilion

展馆位置：浦东C片区
场馆主题：畅享和谐
设计团队：Arge SPAN & Zeytinoglu公司
调研分析：闫红丽

奥地利馆设计理念为平躺着的吉他，极富特色。来到展馆脚下，游客便会被包含大量瓷元素外墙而打动，这样的设计寓意自中世纪以来出口欧洲的“中国瓷”再度回到中国，白色与红色的巧妙结合，既象征了两国的美好友谊，又使得建筑颇具风味。参观者穿越五个展区，仿佛亲历奥地利奇幻多变的自然风貌，从高耸的山脉跨越森林和草地，穿过河谷低地最终来到城市之中，在亦真亦幻的自然环境中体验“城乡互动”的生活。

唯美体验之冰雪世界

展馆利用 3D 技术，给参观者带来一次奇妙的时空穿越。冷色调投光灯的照射营造出一副宁谧，纯净的气氛，而当你触及雪球，感受到零下 14° 的低温，你早已置身于千里之外，白雪皑皑的阿尔卑斯山之巅。

梦幻林泉

馆中绝大部分墙壁呈弧形和折线形，造型奇特，而内壁均为白色。在投影仪的作用下，山林、泉溪，皆映入眼帘。动态的空间画面，给人以丰富的视觉体验，脚下，四周，头顶，毫无保留地给人们以身临其境的感觉。

光影流动的音乐厅

这是一个独一无二的表演盛宴，动人的音乐漂浮在这个流动展厅，在 64 台投影仪及上百万张循环播放的幻灯片的作用下，光与影的完美结合在地面和立面上不停地变换着各种绚丽的姿态，与白色的展厅温柔地融合在一起，而这样的投影同时又兼具照明的作用，从而使得整个展厅虽只有少数几个楼梯有引导照明，却是亮度适宜，均匀而舒适。

在这样变幻的光影之下，音乐厅更显其别致高雅、情景交融，更能把演奏者和听众的距离拉近，一切都被统筹在四壁的景色和脚下的行云流水之中。

展览之森林

音乐厅照明

引导照明

展览之雪山

卢森堡馆

Luxembourg Pavilion

展馆位置：浦东C片区
场馆主题：亦小亦美
设计团队：Hermann & Valentiny et Associes
同济大学建筑设计研究院（集团）有限公司
调研分析：侯晓阳

展馆概述

卢森堡展馆的建筑形态就像一座壁垒，把中世纪的塔楼包围其中，周围郁郁葱葱的开放式“森林”则由葡萄园组成。馆内展示卢森堡的经济、文化和生活，参观者可以一边参观展馆，一边体会卢森堡人民的智慧和创新。该展馆通过其建筑对新型材料的使用成为可持续发展城市的一个典范，整个的展馆设计充分体现了尊重自然环境的理念，同时向来访者展示现代化的舒适生活的形态。

可回收的建筑材料

展馆使用的主要材料均是可回收的钢、木头和玻璃。关于节能的基本观念就是有效利用能源、节约能源、使用可更新能源。

室外照明

节能环保的照明工程

为了体现出卢森堡馆的精美，在夜景照明上除了采用传统的泛光照明，更多地使用了体积小、功耗低、寿命长、响应快、可靠性高等特点的LED 照明，其色温控制在 3000K 左右。在对立面、树木以及字体进行照明的时候，尽量采用与白天的颜色相协调的光色，使得整个照明环境和谐稳定。对比传统的照明技术，卢森堡馆灯光照明设计中更多地采用了 LED 技术，使得项目更为节能环保，也更贴近卢森堡馆自然与工业化相结合的主题。

LED 技术的应用

LED 技术在本次世博会中得到了广泛的推广应用，卢森堡馆也同样如此，如右图所示，LED 显示屏与 LED 灯光在展馆中多次得到应用。

室内照明

意大利馆

Italy Pavilion

展馆位置：浦东C片区
场馆主题：理想之城，人之城
设计团队：深证市建筑设计研究总院有限公司
调研分析：闫红丽

展馆设计灵感来自上海的传统游戏“游戏棒”，由 20 个不规则、可自由组装的功能模块组合而成，代表意大利 20 个大区。整座展馆犹如一座微型意大利城市，充满弄堂、庭院、小径、广场等意大利传统城市元素。从形态上来看，建筑为一半开敞的盒子，与其他展馆不同，意大利馆更加注重场馆内外的交流，无论是灯光，空气还是人的视线，都达到了贯穿和统一。

建筑外部照明

透光混凝土

建筑墙面采用了最新的专利技术——透光混凝土，这种可透光的混凝土是由 4% 的光学纤维和 96% 的混凝土配比而成，且两个表面之间的纤维是以矩阵的方式平行放置，是一种透光不透视的材料。由这种水泥制成的透明面板覆盖了意大利国家馆面积的 40%，使得展馆一天之内可以变换出不同画面。白天自然光可以照射到馆内，低碳节能，减少室内灯光的使用。而到了夜晚，室内的灯光又可穿透到场外街道，使得内外空间交融。 这种混凝土制成品还很多样化，如使用大量的、颜色各异的树脂组合，可以折射五彩斑斓的灯光，为建筑披上神奇的色彩之光。

透光混凝土的出现必将成为未来绿色建材的典范。

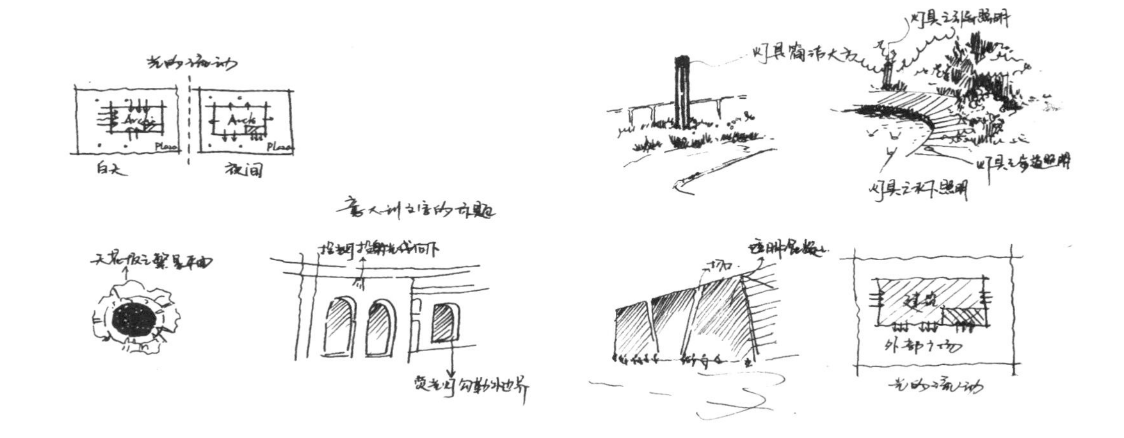

“悬刀切口”

建筑的三个侧面悬挂了水刀，能够反射自然光，产生光照效果。

抗菌瓷砖

意大利馆内采用了全新的抗菌瓷砖地面，可以把空气污染度降低到 70%。这种技术被称为“光催化过程”。

建筑外部照明

绚烂灯光秀

意大利的灯光研究和发展处于世界前沿，这次也带来了一些先进的灯具展示，呈现了意大利人对于灯具的高品质要求。当灯被赋予奇异的造型和独特的光芒时，可能失去了其作为照明工具的纯粹意义。50 年的意大利灯饰设计主要考虑照明的功能，一切外形的设计都为功能而服务，而 1968 年开始，设计师开始赋予灯具更多元化的功能，这也是意大利灯饰设计的最重要的时期。设计师认为灯可以被想象成印度神话中“倒悬在天空中的红烛”，所以在本次的展出中，灯具将打破传统，更加注重美和艺术造型，也展示出意大利米兰照明设计的独到韵味。

灯具展示

集锦式的展览游廊

意大利馆被划分为 5 大区域，分别展现意大利的不同特色：有狭窄的街道、庭院和弄堂，还有一个封闭的广场，广场的一面墙上将布满时装大片和可变幻风景的图画，讲述意大利在时尚、科技、文化等方面所取得的成就。

不同的展区内用采用不同的照明方法，各种展品在适宜灯光的辉映下更显其精致与奢华。

在展示意大利的谷物时采用了暖色调的照明灯具，柔柔的光从荧光灯发出，透过导光板均匀的将展品照亮，突出了谷物的质地，更让人感觉到食物带来的温暖和舒适。

而位于意大利餐厅天花板上的灯具则庄重典雅，烘托出餐厅的高贵气质，也使得就餐的人除去繁杂的思绪。圆形的灯体简洁大方，而投射到天花板的阴影如画龙点睛之笔，打破了深色调壁纸的沉闷，使得整个空间灵动有力。

展览照明

展览照明

英国馆

UK Pavilion

展馆位置：上海世博园区C片区
场馆主题：传承经典，铸就未来
设计团队：Heatherwick studio akt atelier ten
同济大学建筑设计研究院（集团）有限公司
调研分析：崔小芳

1851 年首届伦敦世博会的经典之作水晶宫 (Crystal Palace) 让人记忆犹新。而上海世博会英国馆以震撼的视觉效果，诠释了英国创意和创新的超凡魅力。

飘落在纸上的蒲公英

上海世博会英国馆由英国最具创意的天才之一，托马斯·赫斯维克 (Thomas Heatherwick) 承担设计，展馆坐落在一片酷似包装纸的景观区上，主体为六层建筑，由“绿色城市”、“户外城市”、“种子圣殿”、“种子圣殿的心脏地带”、“活力城市走廊”、“景观”、“奥林匹克展示”等 7 个区域组成。

“蒲公英”入口

“光雨”启动装置

从第一个走道“绿色城市”离开，游客将继续参观“户外城市”，在这里游客将看到头顶上一个“倒垂”着的缩小版的典型英国城市。建筑物按典型的城区结构分组排列，包括郊区、闹市区、商业街、城区、工业区和商务区。其中，“光雨”启动装置将光线洒落，形成雨滴般的动画效果。该灯光装置由英国的 TROIKA 设计，共 300 个定制的控制装置被悬挂在天花板上，每个装置由一个简单的透镜，一个马达和一个 LED 光源组成，LED 光源有节律的靠近和远离透镜，将光斑投射在地面上逐渐变大并向外辐射，像落在地上的雨滴。英国是个多雨的国家，游客走到这儿，会有下雨天漫步在英国街道的感觉。

“水滴”

展馆室内

巨型“种子圣殿”

展馆外墙由约 6 万只纤细的透明亚克力棒组成，向外伸展，随风摇曳，简洁大气的设计，带给观众全新的视觉体验。

“种子圣殿”是英国馆创意理念的核心部分，日光将透过亚克力杆，照亮“种子圣殿”的内部，并将数万颗种子呈现在参观者面前。白天的英国馆，每根长达 7.5m 的“触须”像光纤那样传导光线来提供内部照明；晚上，“触须”内含的光源会使整个展馆散发出璀璨迷人的光影。

夜间整个室内空间由于点状 LED 遍布空间，使得室内光线分布均匀，营造出现代感和震撼力兼具的空间效果。

没有借助多媒体技术，没有多余的口号与宣言，从艺术到技术，建筑将一切都包容殆尽，她所要做的就是无声无息矗立在那里。

亚克力杆细部

荷兰馆

Netherlands Pavilion

展馆位置：浦东C片区

场馆主题：快乐街

设计团队：快乐街有限公司 John korleming
同济大学建筑设计研究院（集团）有限公司

调研分析：侯晓阳

展馆概述

荷兰国家馆占地 4800m^2，预算为 2000 万欧元。17 幢造型独特的房子勾勒出“8”字形状，每一幢房子都采用了不同类型的装饰，对荷兰在空间、能源和水利方面的创新进行展示。展馆主题为“快乐街”，意指一个理想的城市。在这个展馆区域内，城市生活的各个部分得以和谐共存，并且通过对于生活区、工作区和工业区的划分，体现了对现代城市生活的合理规划。

浓郁的荷兰风情

在荷兰馆里，建筑以井然有序的方式位列街道两旁，各幢建筑通过采用不同类型的装饰，迎合不同兴趣、不同品位的观众。沿着欢乐街，参观者能欣赏街道两旁别致的楼宇，从而感受浓郁的荷兰风情。

张灯结彩的欢乐气氛

荷兰馆的灯光设计对展馆的主题起到很好的烘托效果。“快乐街”的照明主要由 LED 点光源直接装饰在展馆表面，明亮闪烁的视觉效果使得荷兰馆呈现出张灯结彩的欢乐气氛。

游乐场似的“欢乐街”

荷兰馆是一个特殊的场馆，它是上海世博会上唯一的全开放式国家馆，打破了场内场外的界限。来这里的人无须排队等候，可以在任何时间进入和离开，营造出游乐场似的“快乐街”的主题。展馆的照明设计主要特点是灯具与建筑融为一体，见光不见灯，体现了荷兰这个民族所崇尚的自由、积极、开放、民主、平等、包容和多样性等理念。展馆内共布置 4 万多颗 LED 灯具，在颜色上，选择了代表荷兰的橘色以及代表欢快情绪的黄色和白色相结合；灯具采用可人机对话的控制装置，以流水、闪烁、扫描、跳跃等灯光表现方式，实现“快乐街”在夜幕中的各种变化，让人眼花缭乱，也让夜晚中的荷兰馆在世博馆中脱颖而出，加深游人印象。

展馆夜景

展馆局部照明

非洲联合馆

Africa Joint Pavilion

展馆位置：浦东C片区
调研分析：侯晓阳

展馆概述

非洲联合馆是上海世博会最大的联合馆，馆内有 43 个独立展区，分别为 42 个非洲国家和非洲联盟，数量达历届世博会之最。向全世界人民展示一个真实本色的非洲，让更多的人了解、热爱非洲，是参加本次世博会所有非洲国家和世博会组织者共同的愿望。在这里，非洲国家有共性，更多的是个性。

生机勃勃的非洲大陆

非洲联合馆外立面的设计理念源自“一棵大树”，它蕴涵着生命的起源。背景色为金黄色，代表着生机勃勃的非洲大陆。树木、沙漠、海鸥、动物、建筑……这些富有强烈非洲特征的元素都呈现在非洲联合馆的外立面上，勾勒出非洲大陆多样性的风貌，展现非洲的古老文明和勃勃生机。

室内照明

巨型笑脸墙

馆内的巨型笑脸墙，采用普通投影和 LED 照明的形式向来到非洲联合馆的游客们展示非洲人民的热情与好客。

浓郁跳跃的色彩

在设计师的巧妙设计下非洲联合馆以浓郁跳跃的色彩，呈现各国独到的理念和独特的展品。通过多种灯具组合，不同照明方式的设计，用光色为演绎多样的非洲主题增加亮点，所以说非洲联合馆不但是各国文化的展示舞台，同样也是各种灯具的展示舞台。

各个国家根据各自的展示风格运用不同的灯光照明技术，其中高效节能灯具与 LED 灯具在展馆内得到广泛应用。

室内照明

城市之窗馆

Window of the City Pavilion

展馆位置：浦东C片区
调研分析：闫红丽

在世博园区，有这样一场“秀”你绝不能错过。它的表演空间是一座坐满观众的 360° 圆形剧场，中央舞台上，立着一面 20m 宽、10m 高、3m 厚的巨型屏幕。这块屏幕 6 个面都能播放影像，令人叫绝的是，屏幕可以像魔方一样在舞台上自由旋转。这场秀，就是位于世博会浦东园区后滩入口处的《城市之窗》。

建筑照明深沉低调

与一般表演厅外部的艳丽夺目相对比，城市之窗的外部照明显得尤为低调，它们舍弃了 LED 而用传统光源进行整体投光照明。地面上少数投光灯的照射，使得整个建筑更加突出了建筑表面的质感以及材料表面上的设计感。金属的反光也可以照亮步行的空间，更加体现了低碳节能的设计理念。

外部照明效果

梦幻般的演出空间

演出空间以神秘的蓝色为主要基调，座位席和舞台都在宛如海洋般的蓝色光芒之下。

环形的舞台幕布投射出各种光影变化，配合演出的内容，形成变化莫测的场景效果，在观众和演员之间形成又一道的视觉美味。

当纱幕升起，多重立体旋转魔方舞台随即运行，而这个舞台更是一个魔方式的大屏幕。这块屏幕宽 20m，被等分为 7 份；高 10m，被等分为 4 块，这样，整个屏幕就相当于由 28 块方盒子累积而成。每个盒子上都有 LED 屏幕，展现各种图案和场景，而每个方盒子都可转动，因此组合出不同的效果来。科技与艺术的结合，是人们并不熟悉的一种表演方式，而在城市之窗的几乎完美的展示，更将带动舞台灯光设计的新动态。

舞台灯光效果

天下一家
Home of the World

展馆位置：浦东C片区
场馆主题：生动展示2015年的人类生活
设计团队：蒋同庆及合伙人
调研分析：闫红丽

天下一家是为上海世博会度身定做的高科技互动体验类活动，以上海、米兰、北京三户家庭为蓝本，讲述这三个家庭通过科学的生活方式，逾越空间障碍、拉近心灵距离、增强亲情纽带、实现全球无障碍沟通的故事。

水晶彩球

在“2010 上海世博照明作品选上”，欧司朗获得了上海市照明学会颁发的三个重要奖项，赢得了照明行业的高度认可。这些奖项是欧司朗的代表之作：中国馆夜景照明、天下一家夜景照明和世博会园片区 A、B、C 区公共照明。这些作品清晰地展示了欧司朗的革新性技术完美应用于各种现实之中。

天下一家馆通过成组的线性 LED 灯具从内部掠射建筑外立面三角形的 PC 板单元，通过光与影的变化、交互式动态变化及球体之间的明暗色彩变化，使得建筑外围色彩变化丰富，颜色纯正，结合建筑的外轮廓，恰似五只水晶彩球从天而降，坐落于此。

入口照明

未来之家

天下一家不太像是一个展馆，而更像是一个家。入口处利用 LED 照明营造的天空，白云朵朵、纯净而舒适，是室内照明的一个最大特色，无论走到哪儿，都没有任何多余的以及不舒适光的出现，整个空间秩序井然。厨房的荧光灯勾勒出一道完美的弧线，而家具边缘的小灯具精致而实用，简洁明快的厨房就这样在几个灯具的使用上体现出来了。卧室的灯光柔和无任何眩光，体现新的科技发明的镜子可以通过内置的 LED 设置变化出不同的更衣效果。而在健身房中四壁的圆孔荧光灯则营造出一个动态活泼的空间，如魔术般，在没有太阳光直射的情况下，通过不同的照明方式，直接表达出不同的功能分区。

室内照明

OLED

欧司朗在“天下一家”馆里，展示的OLED（有机发光二极管）在设计应用及节能效益方面可为用家带来无限的照明可能性。在家居设计应用中，欧司朗出品的OLED灯管可做成镜框，灯管不仅能制造极佳的视觉效果，还能发出漂亮的漫射光线。深信在不久的将来，建筑师、灯光师以及设计师们将会有更多更好的选择——闪光天花板以及隔断墙将成为可能。凭借OLED的帮助，几乎所有物体都可成为发光源。

OLED

温馨的卧室

简洁的厨房

全球青年创新之旅馆

Youth Innovation Pavilion

展馆位置：浦东C片区后滩广场
场馆主题：展示全球顶尖创新科技，
畅游未来新生活
设计团队：德国汉诺威世博会YMCA青年组织
调研分析：侯晓阳

室内照明

绽放的白玉兰花

后滩广场青年创新中心外形酷似白玉兰花，外部结构拥有 6 个外部球体和一个中心球体，酷似花瓣与花心，象征着美丽与开拓进取的城市精神，7 个球体分别代表科技、环境、健康、能源、移动交流、建筑和可持续发展七大主题，通过制作一套涉及七大主题的知识题库，以多媒体为平台供参观世博会的年轻人现场测试及互动。

七色花

“七色花”球体采用高科技轻型材料，新型节能环保的电光源——LED 灯显然是最合适的球体彩色照明光源。在“全球青年创新之旅”体验馆场馆的泛光照明中，设计者将“红”、“绿”、“黄”、“蓝”、“青”、“紫”和“红加蓝”等 7 个颜色的 2000 多根 LED 照明灯具应用其中，艳丽的 LED 灯的照明效果令游客流连忘返。

LED 极光灯

馆内展示了低碳节能的 LED 极光灯，它是由一个发光的二极管组成的新型灯，可以调节成不同颜色。一个 8W 的 LED 小灯泡就相当于 60W 节能灯的亮度，与此同时它也具有白炽灯的优点，显色性很高，可以保护我们的视力。LED 极光灯的颜色千变万化，由深到浅，由明到暗，我们只需要通过一个小型的无线遥控器控制它，就可以在家中过上光随心动的低碳生活。

展示照明

欧洲广场

European Square

展馆位置：浦东C片区
调研分析：俞为妍

广场照明

欧洲广场紧邻葡萄牙馆和捷克馆，通过高耸的灯杆界定整个广场空间，这些LED高杆灯为地面提供均匀照明。在黑暗中，标识柱以一种灿烂的姿态出现，柱体星光点点，使人在远距离就可以观察到。广场照明手法虽然简洁，但营造出一个温馨的休闲环境。主题广场舞台照明是夜色下整个场地最为绚丽的焦点，吸引大量游客驻足参观。

后滩公园

Bay Beach Park

展馆位置：浦东C片区
设计团队：北京土人景观
调研分析：闫红丽

2010 年上海世博会园区后滩公园的规划范围是西起倪家浜、东至打浦桥隧道的浦明路沿黄浦江一侧所有用地。后滩湿地公园用地总面积为 18.2hm^2。

此方案的设计特色为“一条蓝带串起的四种文明”。其中，“蓝带”为三带一区、三场九园、步道网络形成的总体结构；“四种文明”为“滩”的回归、五谷禾田、工业遗存、后工业生态文化。

疏影水清浅

后滩公园的照明主要分普通步道照明和特殊节点照明两种类型。

在栈桥水榭节点处的照明，主要采用的是不规则布置的地埋灯向顶棚投射光束的方法，这样一方面可以突出顶棚的材质和设计感，另一方面也从使用价值来说更加安全方面。

水是公园中灵魂之笔。而在夜晚，构筑物的倒影、植物的倒影在微风吹动下的水波组成让人无限憧憬的、宁静祥和的画面。水下的照明与步道的照明互相辉映，如点点繁星，点缀了这个室外空间，也引导了游人的路线。

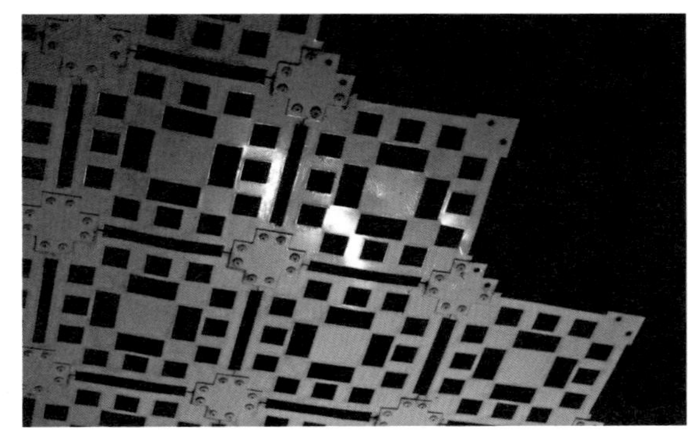

公园夜景照明

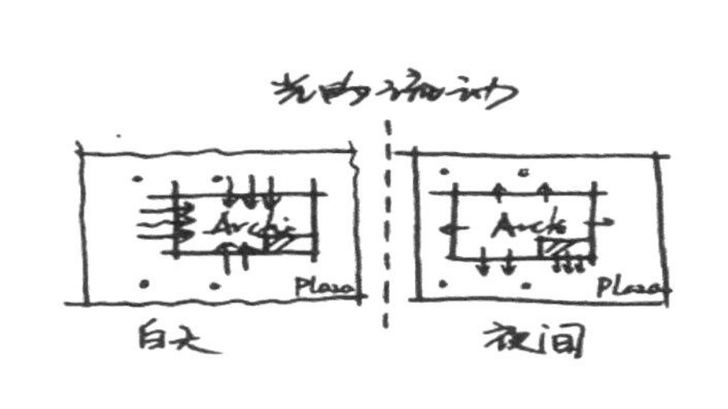

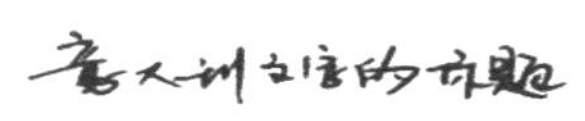

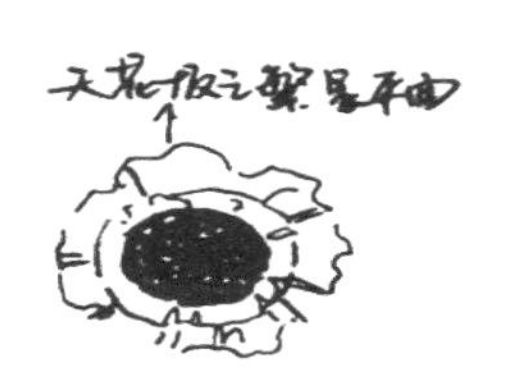

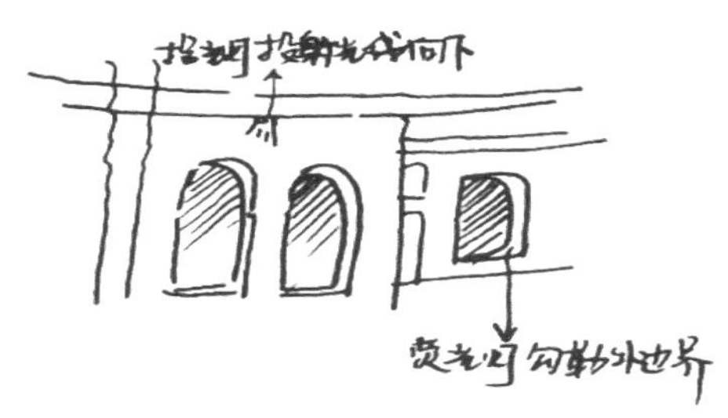

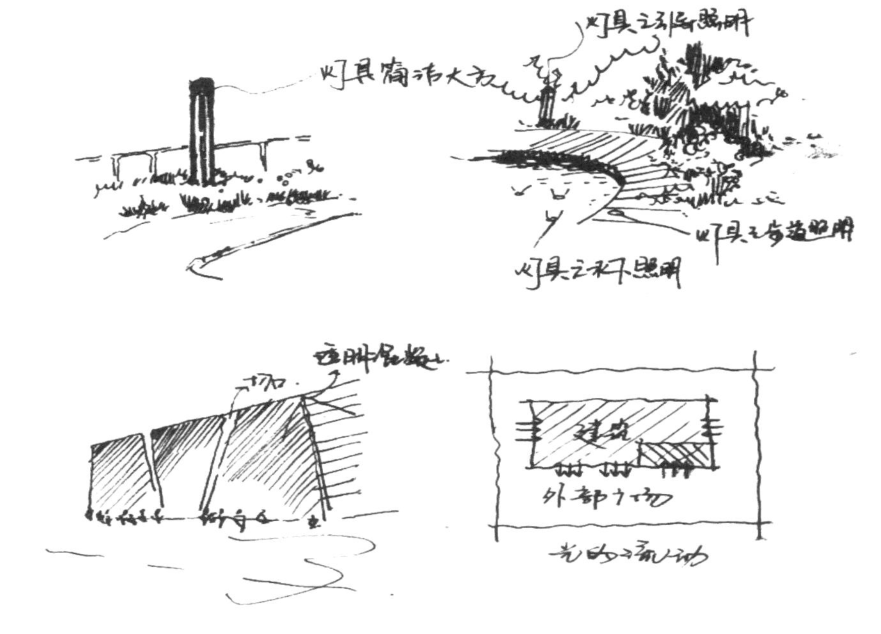

人行高架步道

步道位置：浦东C片区后滩广场旁
调研分析：侯晓阳

夜景照明

高架步道照明控制

高架步道需创造一个安全舒适的展览交流及休闲的场所，强调平台面照度的均匀，避免眩光，保证行人通过时的安全。

高架步道灯的设计以人为本，保证了人能看清路面、台阶、坡道和障碍物，能看清 4m 以外来人的面部。并且，照度满足了辨认建筑物标识、招牌及为该地区定位的其他标识的要求。

同时，高架步道上采用多种光源及动静结合的照明方式，增加了游赏的趣味性，避免了没有变化的空间带来的疲惫与乏味。另外，多种照明控制模式的采用，适应了不同场合的需要。

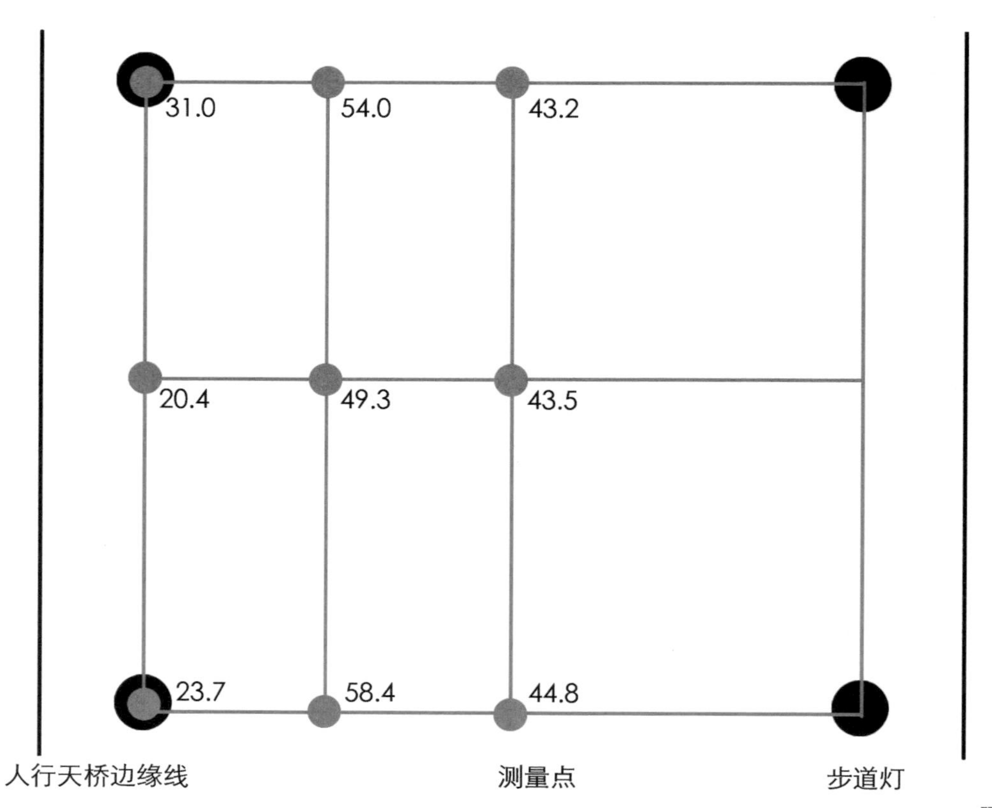

照度测量
单位：lx

C片区道路照明

道路位置：浦东C片区上纲路
调研分析：侯晓阳

道路照明

道路照明设计原则

快速路供车辆快速行驶，照明设计应以流畅、简洁、明快为风格，灯具选择上应注意防止眩光和光污染，具备良好的引导性。

主干道是城市交通的主脉，照明设计应以路灯照明为主，步道灯照明为辅，适当配以沿路立面照明，应具备良好的诱导性。

次干道兼有集散交通和服务性功能，照明设计应关注道路不同的功能，合理布置路灯、步道灯，应具备较好的诱导性。

支路连接次干道与街坊内道路，通常较幽静，照明设计应采用步道灯、埋地灯、泛光灯等相结合的方式，并对绿化、环境进行照明，应具备较好的诱导性。

道路照明节能技术的应用

世博园区道路照明全面实施了绿色照明：通过科学的照明设计，采用高效、节能、环保、安全和性能稳定的照明产品。绿色照明有助于改善城市人居环境，提高人们的生活质量，从而创造一个安全、舒适、经济、有益的环境。其中重点应用了下列技术：1. 太阳能的技术集成；2. 风光互补技术；3. 半导体照明技术的集成；4. 道路照明设计中的智能杆。

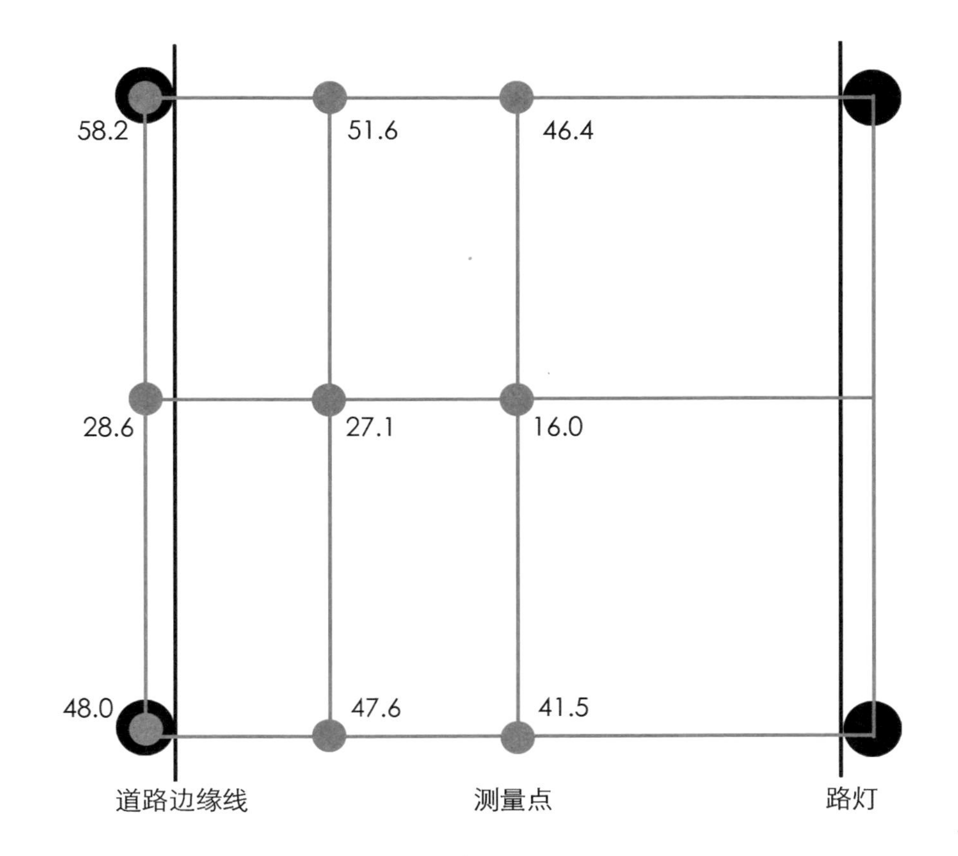

照度测量
单位：lx

D片区

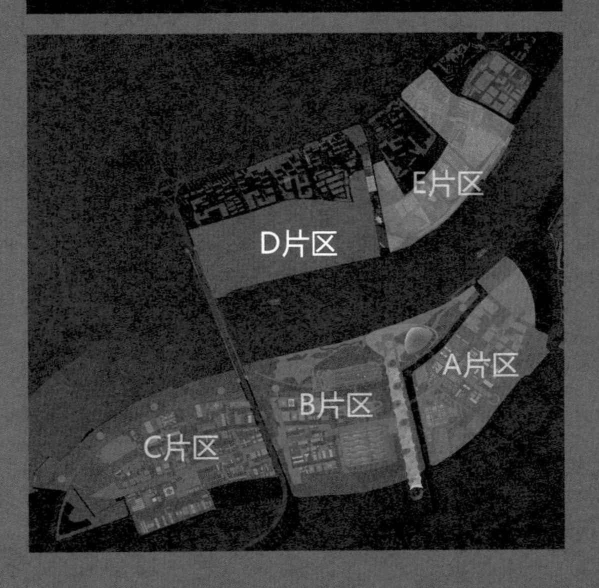

城市足迹馆

Pavilion of Footprint

展馆位置：浦西D片区

场馆主题：展示世界城市从起源走向现代文明的历程中人与城市与环境之间互动发展的历史足迹

设计团队：同济大学建筑设计研究院（集团）有限公司

调研分析：翁樱玲

新旧交融

足迹馆改造前身为江南造船焊接工厂，经过设计保留了原厂房柱、梁、网架等主体结构。改造后的工厂保留入口的网架，而通过灯光的照明，巧妙地将旧建筑身体融合现代建筑骨血，呈现出新颖的科技风格。

重现古城风采

足迹馆内部展厅融合了传统和现代的展示手段，以城市发展的时间顺序为主线，通过“理想幻城”、“城市起源”、“城市发展”、“城市智慧”四个展厅，分层次地展现诞生与崛起的城市元素、人文与转型的城市哲理、创意与和谐的城市智慧。

入口处照明

城市剪影

理想幻城——敦煌和希腊

一进足迹馆就被水晶玻璃堆砌的城墙深深震撼，透过投射灯照射以及四周布景的投影，展现出五颜六色的奇幻现象，像在无声地诉说：欢迎来到幻城。

序厅——幻城分别展示了东西方的城市风格，东方理想幻城有来自榆林窟、莫高窟的临摹壁画，透过柔和的投射照明灯，在壁画上呈现出光与影的变化，使之栩栩如生。

西方理想幻城则是利用虚实结合方式，透过环伺四周的场景剧院，可以看见古希腊社会的生活图景，以及现代希腊的景致。整个展厅内仅用标识性照明在地板上充当导览动线，其次在布景屏幕下方更藏有灯光照明，用来跟参观走道区别。

序厅 之水晶玻璃营造的城市天际线

序厅 之场景影院

序厅 之敦煌壁雕

序厅 之场景影院

城市起源——众神之城

走进“城市起源”展厅，仿佛经历了一次时空穿越，来到几千年前的众多古城市。

有皮影戏结合现代投影技术，展现黄河长江两岸城市发展进程；也有特洛依考古现场，在LED灯的灯光变化下，仿佛身临其境；更有将西方诸城的守护神投影在该城市的布景上，位移景异，形成独特的众神之城景观。

城市发展——三朝帝都

“城市发展”展厅搭建君士坦丁堡、拜占庭、伊斯坦布尔“三朝帝都”的实景，根据草图重现“达·芬奇的城市”，反映当时人们对未来城市的美好向往。

城市智慧——摩登之城

在“城市智慧”展厅，入口有着“机器人卓别林”欢迎参观者到来，其寓意着“摩登之城”的梦想早已实现，通过各色的LED灯光交杂，呈现出斑驳的色彩，暗示着机器不仅带来便利，也扭曲了城市生活。

城市起源厅 之洛伊考古现场

城市起源厅 之洛伊考古现场

城市起源厅 之众神之城

城市起源厅 之中国皮影戏

城市发展厅 之三朝帝都

城市智慧厅 之机器人卓别林

世博会博物馆

Museum Pavilion

展馆位置：浦西D片区
场馆主题：回顾世博历程，展现世博会魅力
设计团队：同济大学建筑设计研究院（集团）有限公司
调研分析：翁樱玲

星空下的历史

世博会博物馆和综艺大厅共用一个广场，暗喻着历史与文化文艺是共生、密不可分的关系。

广场上方的钢架设有小型投光灯具，点点灯光下的博物馆就好似星空下的历史，等待着人们回首其过往的辉煌。

馆内展示过往世博历程，故展场区内照明以天花嵌灯、悬挂式灯具和小型投影灯具为主。

博物馆附近的步道灯

入口大厅照明

入口处的灯光照明

展区内的LED投影灯

综艺大厅

Arts Hall

展馆位置：浦西D片区
场馆主题：演绎各地各国民俗风情
设计团队：同济大学建筑设计研究院（集团）有限公司
调研分析：翁樱玲

星空下的飞行船

若说出入口广场的外钢架结构似星空般美丽，那整个综艺大厅就像是一艘停留在星空的飞行船，大厅屋顶上的网架安装着数个景观照明投光灯具，反射在红色观众厅和玻璃幕墙上，显得尤其明亮炫目。

入口处的灯光照明

入口大厅照明

入口广场附近的步道灯

表演厅的悬挂式灯具

日本产业馆

Japanese Industry Pavilion

展馆位置：世博园区D片区
场馆主题：来自日本的美好生活
设计团队：东京日本邮政建筑事务所
堺屋太一、寺崎由、喜多俊之
调研分析：胡拓

日本产业馆位于上海世博会浦西园区入口附近、原江南造船厂的老厂房内，利用约 $4000m^2$ 的旧厂房进行改建，新的结构使用建筑脚手架，拆除后可再利用。日本产业馆的设计概念是“再利用、空间感、脉动感”，特别是贯彻了重视环保的再利用原则。内部装修大量采用再生纸纸管，工作人员的制服也使用了旧衣服循环利用后的布料制成。

屋顶的巨大LED图画

LED 打造灯光美图

日本产业馆充分发掘 LED 灯体积小，耗能少，可变色等优点，在等候区的原厂房屋顶安装了将近一个篮球场大小的 LED 灯光展示画，这幅名为“日月天飞翔”的光的绘画，由日本知名画家娟谷幸二绘制。每当华灯初上，均匀密布的多彩 LED 点光源就将这幅色彩明快，面积巨大的光的图画呈现在离地近 20m 的空中，成为进入园区入口后最吸引人的一幕。

场馆外等候休息的屋顶以均匀布置的投光灯为主，建筑立柱在近两人高的位置安装投光灯从下部往上投射，既塑造了构件的体量感又避免了高亮度灯光造成的眩光，另外还布置了一些表面亮度均匀柔和的立柱灯，提高环境亮度。

LED光源与脚手架结构结合形成的光影

LED 与建筑构件

日本产业馆的脚手架外立面在结构节点处安装了可变化颜色的全彩 LED 点光源，由电脑控制，每隔 4 分钟就随馆内活动的变化而变幻色彩和亮度，实现馆内馆外的实时互动。同时，场馆外地面安装的 LED 投光灯，投射到立面上，同样随时间变化色彩，与点光源同步。建筑脚手架结构的空间性再加上 LED 灯色彩的变化，使得日本产业馆仿佛披上了一件光与影的美丽外衣，与众不同。

进入产业馆后是一狭长的等候空间，墙面踢脚位置安装着嵌入式投光灯，为停留和走动提供低亮度照明，在地面形成了漂亮的光影效果。

LED点光源安装在结构节点处

LED投光灯

LED点光源安装在结构节点处

室内环境

产业馆内，充分利用局部照明的优势，通过暗装的灯具投光在建筑界面上，或明或暗，用斑驳的光影营造气氛，强调展品。

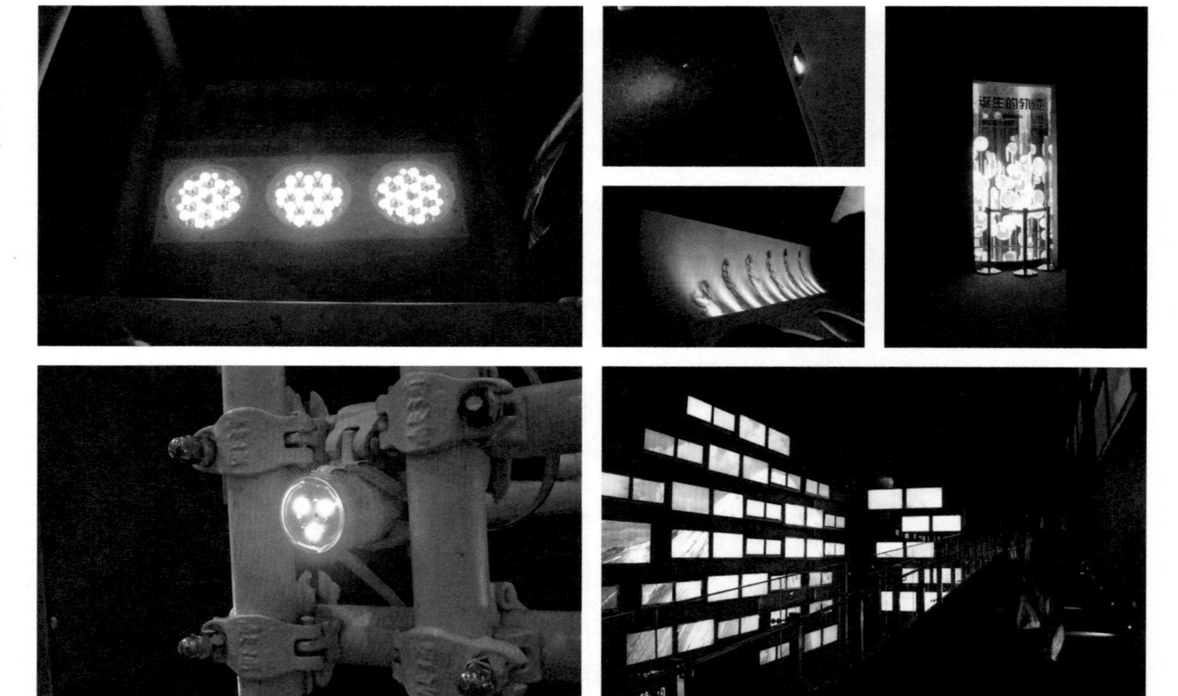
LED灯节点细部

展馆内部的灯具

思科馆

CISCO Pavilion

展馆位置：浦东D片区
场馆主题：智能+互联生活
调研分析：胡拓

思科馆以“智能 + 互联生活”为主题，向参观者呈现其在“智能 + 互联城市”领域的创新科技及成就，带领参观者踏上通往 2020 年的“智能 + 互联生活”之旅。参观者将亲身体验一座能够更好地推动经济发展、改善市民生活质量、减少碳足迹，并确保环境可持续发展的城市。

思科馆内主要运用安装在屋顶的投光灯照明，借助高度优势为室内提供较均匀的光照效果，淡淡的蓝色光营造属于未来的科技生活。

韩国企业联合馆

Republic of Korea Business Pavilion

展馆位置：浦西D片区
场馆主题：绿色城市、绿意生活
设计团队：首尔Haeahn建筑
调研分析：葛亮

韩国企业联合馆外形似水波盘旋，夜晚建筑由五种不同色的灯光交替投射，形成丰富多变的立面效果。在展馆内，观众可通过结合了声光效果的 4D 影像，进行互动体验，了解高科技和绿色能源等新技术成果。

室外照明

“五方色”的表皮

夜晚，韩国企业馆立面通过内透光方式呈现青、赤、黄、白、黑五色，这“五方色”是韩国传统民族色彩，大量出现于韩国的瓷瓦、古家具、手工艺品等。走近展馆，这些鲜艳的颜色有的由同一颜色深浅渐变，有的如彩虹般绚丽多彩，色彩的炫动古朴而现代，建筑也通过这种色彩多变的照明吸引了广大游客的注意。

融合声光影的奇妙体验

展馆内的展示区域照度较低，主要为了让观众集中注意于各种高科技展示手段：包括内透光的白色光柱、绚丽的 4D 影像墙、互动生活体验展墙等等。较暗的室内空间几乎完全通过声光影的完美结合创造出充满奇幻的空间场景，向人展示了绿色高科技和能源循环等研究成果。

室内照明

太空家园馆

Space Home Pavilion

展馆位置：浦东D片区
场馆主题：和谐城市，人与太空
调研分析：祖一梅

纤维织物幕墙

太空家园馆建筑外立面采用的是纤维织物幕墙，这是一种可以回收利用的建筑材料。织物本身通透性的特色，配合奇幻的灯光效果，改变了建筑夜间的形象，从而让“太空家园馆”形成白天夜晚不同的视觉效果。

“天—地—人”展示脉络

太空家园馆以“天—地—人”为展示脉络，将展示区域划分为梦想起源、漫步太空、美好家园三个部分。“天”代表太空，与之相对应的是二层漫步太空影院和美好家园太空展厅；“地”代表地球城市，与之对应的是首层梦想起源等候区和美好家园城市展厅；而“人”就是每一个参观者，他们是探索太空，创造美好城市的主体，整个场馆也是他们游历太空、回归城市的过程。

太空家园馆立面照明

奇幻的灯光效果

室外照明有以下几个部分组成：

（1）入口处照明

槽型的入口处有一个异常光亮的 LED 屏幕，屏幕上变幻着各种图案，格外地吸引人的眼球，仿佛在邀请你探索神奇的宇宙。

（2）墙面照明

与入口处亮度突出的照明形成对比的是亮度等级明显较弱的墙面照明。整个建筑立面墙体上利用 LED 灯形成变化的宇宙星云效果。星点状分布在外立面墙上的 LED 灯，犹如宇宙中的点点繁星在闪烁。整体犹如一个带有奇幻色彩的“神秘魔方”，悬浮在太空中。

入口处LED屏幕

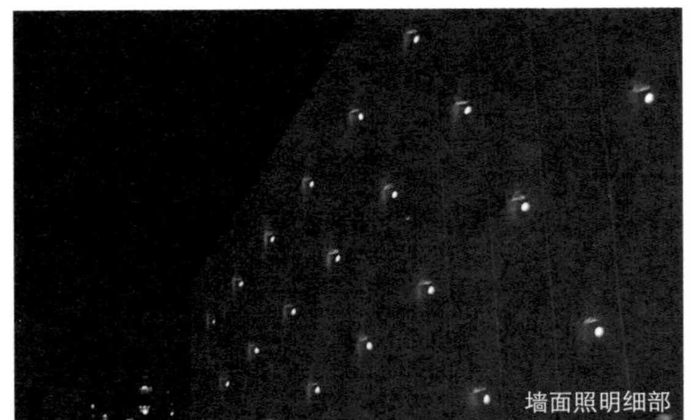

墙面照明细部

墙面照明

墙面照明细部

（3）异形支柱的照明

太空家园馆以异形支柱与地面轻盈连接，在立柱与天花相接的地方形成环形内凹，内凹的部位分布着不断变幻的 LED 灯，在这种光芒的衬托下，“神秘魔方”如同摆脱了重力的影响。

（4）一层天花板照明

天花板下悬挂着太阳系中的九大行星模型，利用天花板上的投射灯进行照明。

天花板上有序地分布着嵌入式灯具，模拟宇宙中各大星座（如处女座、狮子座等）。

模拟太阳、太阳系九大行星以及各星座

室内照明

室内展示区域划分成梦想起源、漫步太空、美好家园三部分，以表现蔚蓝深邃的宇宙。其中光色以蓝色光为主，照明的类型有顶部的投光灯、LED 屏幕等。

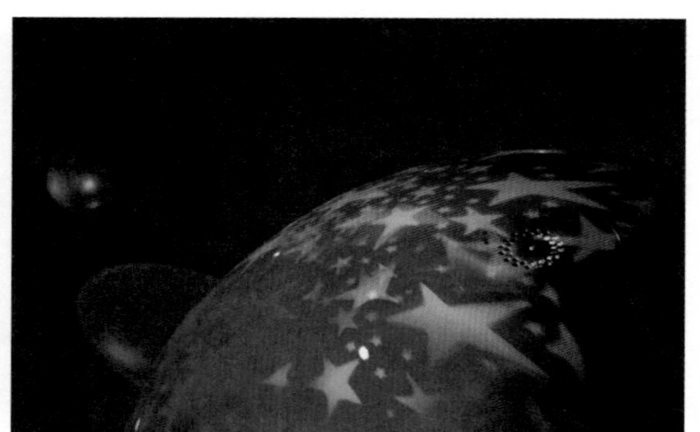

为了表现蔚蓝深邃的宇宙，照明设计以蓝色光为主

可口可乐馆

Coca-Cola Pavilion

展馆位置：浦东D片区
场馆主题：欢聚世博，世界乐在其中
调研分析：祖一梅

LED 可乐标志瓶

游客们可以从一个巨大的形如自动售卖机投币口的入口进入“可口可乐快乐工坊”，亲身感受快乐精灵们制造的热情和创意。

LED 可口可乐标志瓶及舞台是展馆亮点，为参观者提供独特的感官体验以及各种演出。在高大的可口可乐积极生活剧院中，一部特别制作的视频短片，使参观者深刻了解展馆主题。

展馆最为突出的是可口可乐标志瓶及舞台。巨大的可乐标志瓶由闪烁变幻的 LED 屏幕构成，在后面红色的建筑的衬托下越发突出。

建筑外墙面的照明采用了暖色的投光灯，从底部投射到红色的墙面上。

场馆内照明较为简单，主要以功能性照明为主，服务于可口可乐的企业文化的展示。照明类型主要采用投光方式。

不断变幻的可乐标志瓶

不断变幻的可乐标志瓶

室内LED屏幕

室内投光照明

国家电网馆

State Grid Pavilion

展馆位置：浦东D片区
场馆主题：创新，点亮梦想
调研分析：祖一梅

展馆的创新点

国家电网馆展现了未来自然、人和社会的和谐共生关系。其核心展项“六面影像、悬浮体验”的精彩“魔盒”将上演一场持续 4 分 50 秒的 720° 空间多媒体视听盛宴，让参观者“沉浸式”地体验自然能量的可持续利用将带来的美好未来。

整个建筑体现了“低碳”和“亲民”的设计理念。展馆外表是网格状肌理，寓意着电网与美好生活的艺术融合。展馆中央，巨大透明的“魔盒”腾空跃起，具有极强的视觉冲击力。作为整个展馆建筑的主体部分，白天，它呈现出光影流动，将参观者带入电网新技术的畅想世界；夜晚，它被突然“点亮”，参观者无论在展馆前、广场上，还是在远处的步行道上，都能看到其犹如烟火盛放般的美景，并将切身感受到其坚强而有力的脉动。

入口照明

强烈视觉冲击力的入口效果

国家电网馆的照明设计是通过将 LED 灯具放置在 PC 材料后方，LED 建筑化的应用被体现得淋漓尽致。

入口处的正方形体块上以 LED 屏幕表现不断变幻的图案，营造了一个具有强烈视觉冲击力的入口效果。与此同时，正方形体块两侧不断有高饱和度、高亮度的光带闪动，让人不禁联想到“电流”。

建筑两侧立面墙的照明强度较入口处稍弱，LED 灯变幻出红橙黄绿蓝靛紫的如彩虹般绚丽的色彩。其间还不时地有高亮度的线性光带闪烁流过。

建筑两侧立面墙的照明

室内照明

场馆内照明主要分成三个部分，分别是通道口、展示大厅、自动扶手楼梯。

通道处的照明主要以蓝色投光灯为主，光线从天花板上投射到通道两侧的墙面和地面，并且在墙面上形成一定的图案。

展示大厅内的照明类型丰富：有最简单微小的白色点光源，悬挂在天花板上，星星点点，犹如漫天繁星在闪耀。繁星下的“万家灯火”则是由嵌在展板内的荧光灯与展板上所描绘的高楼林立的图案相结合构成。同时还有可以感应互动的高科技照明技术的应用：参观者靠近立柱时如果拍掌，立柱上就会有一束束的光带流动，掌声越热烈光带持续的时间越久，亮度越大。自动扶手楼梯处的照明则采用线形灯具，发出幽幽的绿光。

墙面的投影照明

“万家灯火”

天花下的白色点光源

扶手楼梯处的照明

中国人保馆

PICC Pavilion

展馆位置：浦东D片区

场馆主题：美好生活，爱与分担的故事

设计团队：上海建筑设计院

调研分析：胡拓

中国人保馆是世博会举办百年以来第一个保险企业参展建馆。整个展馆以中国人保的英文首字母缩写 PICC 为设计理念，主体结构钢架就像一个 PICC 从地面上升起。空间主要分为“一轴两翼三区”，建筑面积 1000m^2。由于紧邻高架步道，展馆北高南低，屋顶做成了一个可三面翻动的动画。

红色主题色彩

PICC 标志的主题色是红白两色，所以世博会人保馆也主要以红白色块为主，再加上透光玻璃加强视觉效果。

展馆主立面在外表面贴壁安装着由 8600 个红色 LED 灯点阵形成的 PICC 标志，灯光随时间产生明暗变化，在夜色中熠熠生辉。

展馆门厅主要以投光灯为主，随空间结构形状布置成曲线形的灯带。

第一个厅内放置一个硕大的人工钻石，为了更好表现钻石闪亮的特点，投光灯从空间的各个角度向其投光，底部和顶部分别布置了八盏和四盏嵌入式投光灯，灯光经过钻石层层折射和反射后，展现出变幻莫测的美丽光线，同时避免了直射灯光产生的眩光问题。

最后一个厅内地面向下凹陷，象征性的设计了几个“大脚印”，里面放置有实际场景的缩小模型。这里使用宽配光的投光灯具，同时配合透明材质的灯罩，在很狭小的空间内实现均匀的光照效果。

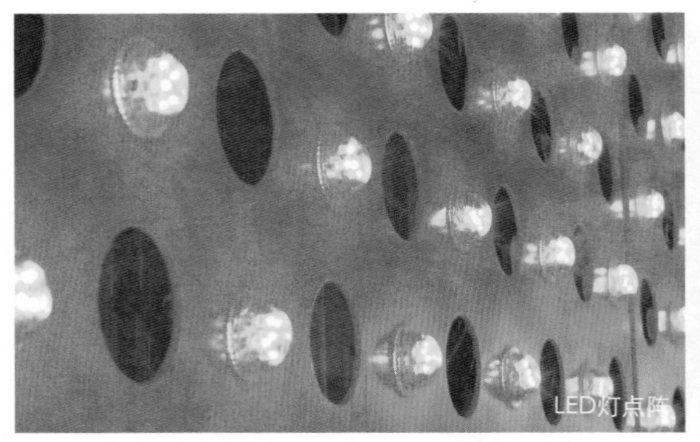
LED灯点阵

人工钻石

人工钻石上部的投射灯

照亮“大脚印”的投射灯细部

灯具细部

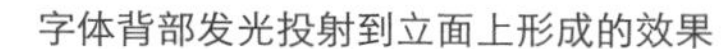
字体背部发光投射到立面上形成的效果

入口照明

上海企业联合馆

Shanghai Corporate Joint Pavilion

展馆位置：浦东D片区
场馆主题：城市，升华梦想
设计团队：Edwin Schlossberg
非常建筑工作室 张永和
Robert Dickinson
调研分析：李保炜

震撼的 LED 矩阵

上海企业联合馆外观上最大的亮点在于建筑表面巨大的 LED 矩阵，尺寸为 63m×45m×19m，是世界上最大的三维 LED 灯阵。

华丽的“魔方”

上海企业联合馆被称为“魔方”，外立面材料采用废旧光盘回收制作成的聚碳酸酯透明塑料管，内置 LED，组成了“魔方”梦幻的表皮。白天主要作为建筑的外围护结构，内部的曲线建筑实体若隐若现；夜间，LED 矩阵可由系统控制，实时显示各种光效，并伴随专业编配的音乐，创造出一种视觉与听觉上的双重震撼。

三维LED矩阵

LED 的新时代

参观者一进入“魔方”的底层架空区域，就可以感受到 LED 新光源带来的独特魅力。在排队等候的同时，他们可以与“魔方”表皮的灯光进行互动。当参观者有节奏的拍手时，LED 矩阵在系统控制下变换颜色，随着拍手节奏的加快，灯光的变幻速度也不断加快。

“魔方”内部由三个展区构成，在“时空转换”展区，参观者随电梯上行的同时，可感受到周围蓝色线型灯光的不断变幻，加强了时空隧道的现场感受。“上海之旅”展厅应用光纤形成芦苇的意向，通过参观者的互动，光纤芦苇不断变幻色彩，配合周围的 LED 屏幕展现上海一年四季的不同景色。在“魔方”的核心体验区环形剧场中，电影放映的同时，现场灯光也会随观众互动而不断变化。“魔方”还通过“光波菜”展示了光的其他高科技力量，仅靠纯净水和 HEC 灯的光波照射，生菜不仅能够缩短生长时间，还具有更高的营养价值。

“时空转换”展区的蓝色LED灯光

灯具与天花的一体化设计

“上海之旅”展区的光纤芦苇

中国铁路馆

China Railroad Pavilion

展馆位置：浦西D片区
场馆主题：和谐铁路，创造美好生活新时空
调研分析：葛亮

中国铁路馆以“和谐铁路，创造美好新时空”为主题，分三个展区展示铁路创新成果。展馆的外立面由古铜色金属幕墙和玻璃幕墙构成，外观朴素典雅，中间以全彩 LED 灯光模拟铁路网，室内的展厅走廊及顶棚灯光做成类似火车车厢的形式，电子屏幕通过绚烂的色彩制造出奇幻的室内氛围。

室外照明

灯光模拟铁路网和列车厢

展馆主入口外墙的大面积玻璃内透蓝光，横向饰以白色 LED 光带，喻意铁路与城市紧密相连，互动发展，创造和谐美好的生活。室内展厅走廊顶棚模仿列车车厢的形式，配以几组光色柔和的线型灯，营造快速前行的动感。

室内照明

震旦馆

Aurora Pavilion

展馆位置：浦西D片区
场馆主题：中华玉文化，城市新风格
调研分析：葛亮

震旦馆以“中华玉文化、城市新风格”为主题，通过约 20 分钟、生动有趣的展演内容，用极富创意的手段把中华玉文化呈现给参观者。展馆多处运用“玉”的主题：立面象牙白的颜色选择和照明效果也使整个建筑如巨大美玉般熠熠生辉。

室外照明

温润如玉的室内氛围

由于展馆内以各式玉为主要展品，室内的灯光照明也颇有如玉般温润柔和的特点。灯具往往暗藏于墙后、吊顶等处，光线不直射人眼，形成均匀舒适的视觉感受。光色以黄白色的暖色光为主，既与玉的颜色相符，也能给人以温馨愉悦感。室内的照度合理，对展品的照明有足够亮度和显色性，各种玉石在合理的照明光线下显得更加温和细腻。

室内照明

中国石油馆

China Oil Pavilion

展馆位置：D片区
场馆主题：石油，延伸城市梦想
调研分析：曾堃

LED 创造“油立方”

石油馆外墙由上下纵横的油气管道交错编织而成，极富时代感和行业特色。整体外形犹如一个巨大的能源处理网络体系，建筑材料采用新型绿色石油衍生品，探索石油石化产品的广泛用途。

展馆外立面这些油气管道是一种新型的建筑材料 PC 板，再采用特殊技术，将其编织起来形成外墙面。同时整个建筑外墙又是一个 LED 大屏幕，外墙影像通过 LED 像素点精细成像。夜间，建筑在周边大型音乐喷泉的映衬下，变幻多种色彩和图案，展示一个曼妙的“油立方”造型。

建筑外墙的下方，采用 LED 光源塑造支撑建筑的结构构件，与整个外立面风格协调统一。同时在建筑四周设有喷泉，喷泉的照明结合激光、音乐控制，灯光随着音乐的变化闪烁五彩斑斓，使得展馆更具生机活力。

“油立方”照明设计

石油点亮生活火花

展馆入口上方的三角形 LED 屏幕循环播放石油石化行业的场景，营造出浓郁的石油石化行业氛围。

展馆展示了石油与人们生活的密切关系，起居生活、电器产品、服装、食物等，都与石油息息相关。一个由五种食物组成的倒金字塔，通过内透光照明，在较暗的室内背景中向参观者展示了吃和石油相关的数据。而一组组大屏幕展示的影像，更是说明了人们的生活离不开石油。

石油馆尾展造型采取倒螺旋结构，四周为悬浮的“油宝宝”，主体为带有祥云图案的红色飘带，凌空舞动构成火炬的抽象图案。在火炬点燃的过程中，四周的油宝宝按照向上螺旋的顺序，逐级点亮，一直到绸带的顶部。这时，用光效制造的火焰会腾空而起，挂在顶部的 LED 显示屏会同时绽放出五彩缤纷的礼花。

石油馆的室内照明

船台广场

Slipway Square

广场位置：浦东D片区
调研分析：胡拓

船台广场位于世博会浦西 D 片区的江南广场西侧，广场面积约 20000m^2，活动所需基本舞台及观演面积 2000m^2。广场综合的草坪布置有低位步道灯、埋地灯、景观装饰灯柱等灯具。沿黄埔江边有特别设计的 13m 高的火焰景观灯，这是仿照旧船厂内气焊枪头发出的火焰设计的，灯头内部使用最新的 LED 技术实现火焰的跳动感。

火焰灯灯头

火焰灯

草坪上的低位步道灯

江南广场

Jiangnan Plaza

广场位置：浦西D片区
调研分析：翁樱玲

江南广场东连 1 号船坞和绿地博览广场，西临 3 号船坞，不远处可看见船台广场，南面隔江可看见世博文化中心，并与浦东园区的庆典广场隔江相望。

江南广场水边照明

广场灯具

江南广场的灯具大致上可分为 4 种，分别为中杆照明灯具、火焰景观灯、不锈钢灯柱和埋地灯。

中杆照明灯具保证了路面的基本照度，并成为视觉焦点。

下沉式水道旁的人行步道灯具是以不锈钢灯柱为主，呈阵列排序，其中点缀着数间小体量构筑物，增添了些许趣味性并吸引了人群的注意力。

埋地灯则是区分了步道之间的界线，沿着木质地板边缘通往其他广场，具有强烈的辨识性。

在沿江步行道上，高度为 13m 的火焰景观灯从卢浦大桥起每隔 25m 排列。为了配合浦西片区老工业区的历史沉淀感，火焰灯外观设计成类似造船用的气焊枪头，在顶部灯头内部使用最新的 LED 技术，实现火焰的跳动感，体现了现代科技和历史文化的完美结合。

江南广场水边照明

中杆步道灯

景观用埋地灯

小品构筑物

E片区

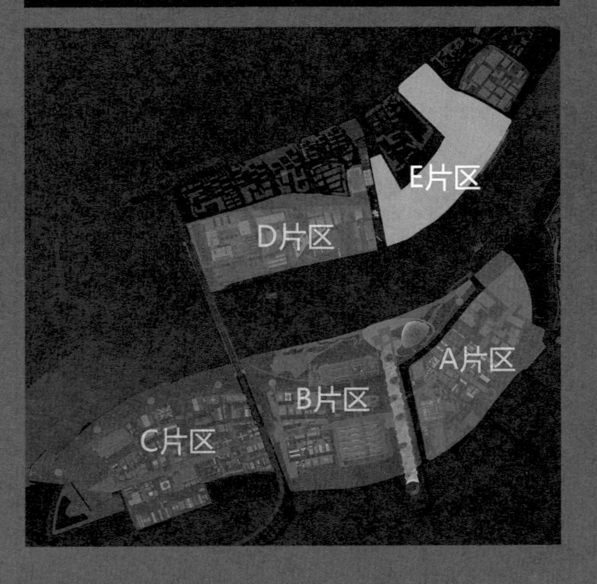

中国船舶馆

China State Shipbuilding Corporation Pavilion

展馆位置：E片区
场馆主题：船舶，让城市更美好
调研分析：曾堃

金属龙骨

中国船舶馆的外观呈弧线构架，形似船的龙骨，又似龙的脊梁，通过构建船舷、龙骨、脊梁的外观造型，突出建筑的高大、震撼和超大尺度，借喻中国民族工业坚强的精神，有着“龙之脊，景之最”的美称。

展馆外观着重表现船舶的金属质感，墙体和结构构件都采用金属材料，照明设计上采用冷色光源投射金属构件上，使得整个展馆富有现代感。展馆顶部的照明选用蓝色光，将船舶和海洋联系起来，突出展馆主题。同时对于一些展馆标识性展示进行重点照明，吸引参观者视线。

金属质感的照明设计

海洋世界

场馆内部墙面全部采用铝制材料，辅以仿真焊接，加之多媒体水波纹效果和海浪、船舶音效及汽笛声，营造出一座现代航行城市的氛围。

建筑入口处通过标识组成情景照明，欢迎参观者的到来。进入场馆，仿佛置身于海洋的世界。展馆内部墙体和地面的灯光选用蓝色和白色，营造出海洋的颜色。照明经过多媒体技术的处理，整个场馆内部呈现水波纹的效果。而信息台，采用内透的暖色照明设计，犹如大海中的灯塔，与周围环境形成对比。

对于场馆中展示的船舶，采用外投光照明，在模型的周围布置灯具，使其在蓝色的背景中比较突出，同时又不脱离室内的海洋世界。

展馆入口的情景照明

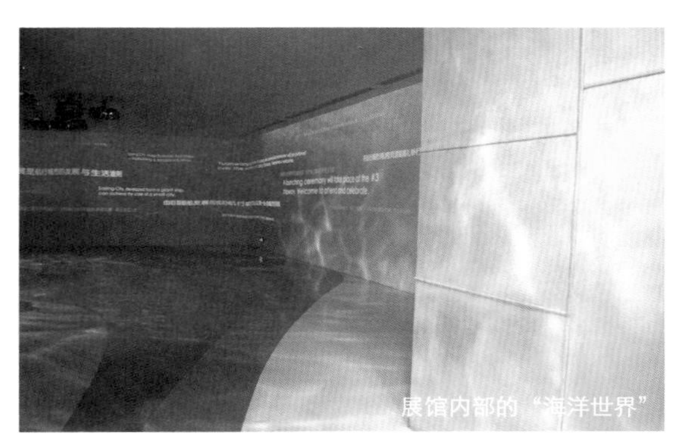

展馆内部的“海洋世界”

暖色照明与环境形成对比

船舶模型的重点照明

万科馆

Vanke Pavilion

展馆位置：浦东E片区
场馆主题：尊重的可能
设计团队：北京多相建筑设计工作室
调研分析：李保炜

金黄的“麦垛”

万科馆由七个以秸秆板为建筑材料的圆台围合而成，中庭空间以ETFE薄膜覆盖，宛如几个金黄的麦垛屹立于黄浦江畔。在建筑照明方面，白天，利用ETFE膜引入自然光对中庭进行功能性照明，并在建筑表面进行漫反射，形成光线从中庭溢出的明暗对比效果；夜间，为避免与园内的大面积LED灯光相冲突，万科馆采用了传统光源金卤灯对建筑进行投光照明，并将灯具进行隐蔽处理，达到“见光不见灯”的目的，同时将圆筒之间的缝隙照亮，也提高了中庭的亮度，延续白天的中庭内透光效果。总体上采用筒立面剪影、筒间内透的照明方式，实现了“图底互换”的特殊视觉感受。

万科馆中庭

万科馆夜景

节能环保之旅

万科馆由5个展厅组成，“雪山精灵”展厅内部有巨大的绿色圆形穹顶，四周环壁则利用投影形成茂密森林的影像，并伴随有自然声源的背景音效，给人以身临其境的奇妙感受。“生命之树”展厅利用LED 360°环幕、全息膜、投影等科技手段，配合沙画的表达形式，使参观者在这里体验到流沙陨落、绿芽破土、生命之树盛放、万鸟齐飞的视觉享受。而由28万个废弃易拉罐构成的莫比斯环厅中，巨幅LED屏幕周围固定了大量废旧电路板，颜色鲜艳，纹理斑驳，节能环保的同时也达到了良好的装饰效果。在万科馆最大的主题展厅“尊重 · 可能厅”中，穹顶的巨幅球幕与T形环幕包围着阶梯式座席，音乐厅级别的声场设计则使影音效果更为精彩。

“雪山精灵”厅中的绿色穹顶

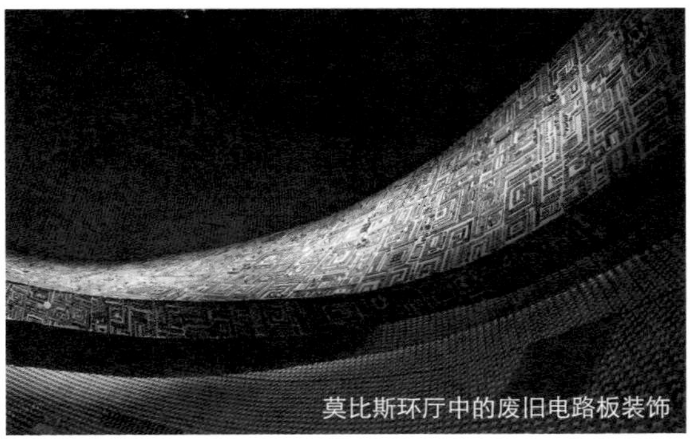
莫比斯环厅中的废旧电路板装饰

“生命之树”厅中的环壁投影

上汽集团-通用汽车馆

SAIC-GM Pavilion

展馆位置：浦西E片区

场馆主题：直达2030

设计团队：上海建筑设计集团现代都市建筑设计院，戎武杰
上海同城照明工程有限公司

调研分析：翁樱玲

螺旋形的曲线

通用汽车馆外观螺旋形的曲线象征着自然旋转与升腾的动力。可再生全钢结构、“步移景异”的金属铝板幕墙、充满科技色彩的“天使之眼”等，皆传达着“直达 2030”的主题以及“科技与未来的革新理念”！

步移景异

汽车馆的外观采用 4 千多块异形曲面铝板包裹，无论在地面大型广场还是高架平台上，步移景异；并通过投影、LED、变色玻璃等高科技手段的应用，呈现出千万种表情，产生强烈的视觉冲击。

汽车馆外立面镶嵌有一块两三百平方米的异形 LED 大屏幕，酷似汽车车灯，其命名为天使之眼，是希望观众把汽车馆想象成一个天使，充满未来科技色彩的 LED 大屏幕、炫目多变的灯光犹如一只明亮的天使之眼，将带领人们感受来自 2030 的精彩，也通过该屏幕观赏到汽车文化相关的图画和信息。

上汽-通用汽车馆

LED屏幕 - 天使之眼

步移景异的金属铝板幕墙

出口处照明

穿越时空走廊进入未来剧场

时空走道

汽车馆入口楼梯一面设有镶嵌壁灯，另一面则是白色光滑的大片面砖，反射着壁灯灯光，视觉上提高了楼梯的亮度。

人行道的灯具皆暗藏在墙中，或是通过二次反射呈现柔和的灯光，让人产生时空隧道的错觉。

室内展演共分前展区、主展区、后展区。

前展：走道设有“冂”字形的 LED 灯管，两旁墙体和天花板垂吊的屏幕，通过数字、图片、影像，展示城市交通发展所取得的成就与问题，引发对未来交通的思考。进入暗藏在墙中 LED 灯的幽暗走道，像宣告到达终点似的，进入 2030 年未来之门。

汽车馆大部分灯光采用内透方案，力求不让观众直接看到任何灯具，达到“见光不见灯”的效果。

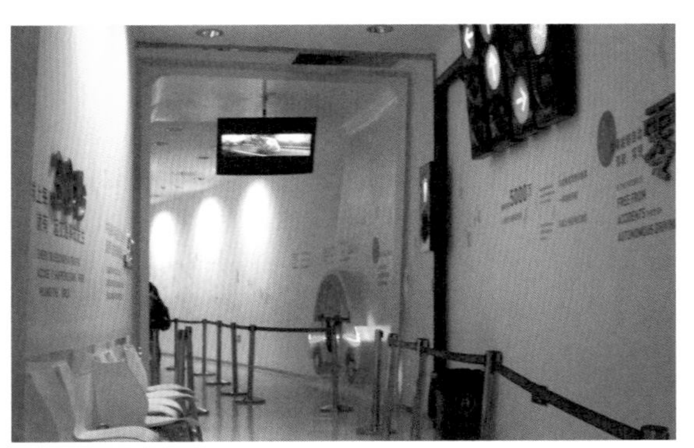

半户外空间走道照明

室内走道照明

未来剧场

主展区：在动感剧场设置了一个高 6.5m，长 38m，144° 的弧形可升降屏幕，动感电影展现 2030 年的未来汽车和交通场景所带来的美好生活，配合着晃动的座椅，身临其境地体验 2030 年汽车对生活的改变，感受“行愈简，心愈近”的大同世界！

动感剧场每个坐椅下皆设置了小型 LED 蓝灯，中央展场上方则设置了圆形的轨道式灯具、垂吊式天花灯具、LED 投影灯等。

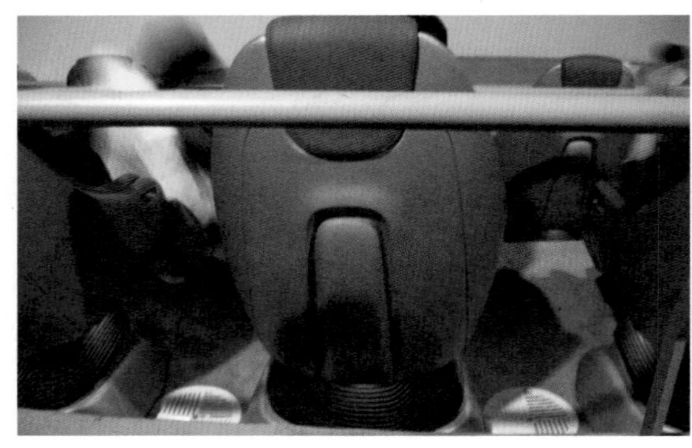

主展厅动感剧场照明

后展区：观众将与未来的概念车和尖端技术进行近距离的沟通和互动。

后展区域的小舞台上展示了各款概念车，此区域使用了 LED 灯投射，在各色 LED 柔和灯光下，未来概念车不再遥不可及，而多了几分亲近之感。与此区分，展区内的商场大量使用了嵌入式的天花灯具，明亮的白光除了让商品更醒目外，配合白色的墙面，呈现了简约的风格。

LED悬挂式投射灯

天花嵌灯

2030概念汽车

信息通信馆

Information and Communication Pavilion

展馆位置：浦东E片区

场馆主题：信息通信，尽情城市梦想

设计团队：上海现代设计集团华东建筑设计院

调研分析：胡拓

中国移动和中国电信联手建造的信息通信馆，位于上海世博园区浦西企业馆展区，主体建筑高 20m，总建筑面积将达到 6196m^2，共有五个展区：室外等候区，迎宾大厅，剧场一（前展），无限梦想剧场（主场）及后展区。建筑设计聚焦“流动的信息”，室内多是圆弧墙面，形成流畅的建筑形体，表达“无限沟通”的特征。

展馆迎宾大厅

梦幻般的美丽表皮

展馆用 6000 块六边形板材覆盖外立面，不仅具有移动通信“蜂窝技术”的象征意义，也表达了未来信息通信“无差别、全覆盖”的概念。表面的“六边形”面材为一种特殊的聚碳酸酯面板，是一种均匀透光材质，有效降低了 LED 媒体显示的直接视看亮度和对比度。每个面板内部都安装着可独立控制的全彩 LED 点光源，光源颜色不断变化，在夜色中像是给展馆披上了一层五彩光的外衣。

蓝色灯光打造信息家园

进入信息通信馆的迎宾大厅，每位参观者们都能获得一个手持终端，它将伴随整个参观过程。同时，参观者也就进入了由海蓝色灯光一路相伴的高科技家园。

迎宾大厅屋顶利用流线型吊顶安装灯具，光线投射到屋顶再反射下来，形成美丽光晕，同时又避免了直射光线对人眼的刺激。休息座椅后设置装饰性宣传板，面板后面安装线性排布的蓝色 LED 点光源，为宣传板镶上了一圈蓝色外框，座位表面水平照度 35 lx 左右，距离墙面较近的地方照度能达到 140 lx。除了这些间接照明外，迎宾大厅屋顶还设置了一些嵌入式灯具，完善室内光环境。

与吊顶相结合的灯光

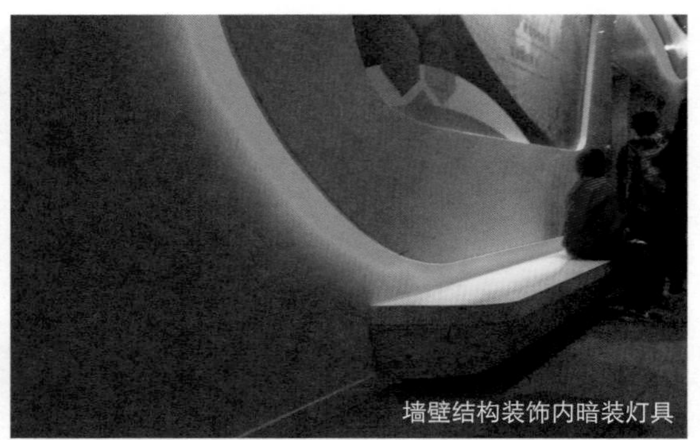

墙壁结构装饰内暗装灯具

曲线形墙面上用光线呈现图案效果

观影厅座椅下方线型灯具为人流走动提供低照度

无处不在的蓝色灯光

室内六边形主题应用

后展区仍以蓝色为主色调，屋顶灯带回归六边形造型主题，大小不一，或密或疏，形成一种变化中的韵律美。这个展区虽然也在屋顶补充了一些嵌入式灯具，但整体环境照度低于迎宾大厅，较亮处的地面水平平均照度也只有约 60 lx。为提高照度，服务台处安装了定向投光灯，使其桌面水平平均照度能达到 120 lx，满足功能需要。

信息通信馆外部环境同样经过了精心设计，最吸引人目光的是披挂在绿色植物上的可控制亮度的 LED 彩灯，如满天星般闪烁。

后展空间的蓝色氛围

后展空间的蓝色氛围

展馆外部绿植上闪烁的满天星

中国航空馆

China Aviation Pavilion

展馆位置：E片区

场馆主题：飞行连接城市，航空融合世界

调研分析：曾堃

飞翔的白云

展馆外表覆盖洁白的膜材，塑造“云”的形象，表现“飞”与“翔”的理念。建筑照明采用内透光照明，白色的膜材料透出室内的光线，使得场馆在夜间晶莹剔透。展馆还沿着建筑周围安装了水喷雾装置，配合外墙的内透光照明，营造出云雾缭绕的朦胧效果。

室内照明

航空馆主展区的 4D 展演系统，通过无轨全智能自动化观光车，结合 3D 投影技术，辅助声、光、水、电、雾、气等特效，带给参观者高科技的体验。建筑内部照明采用冷色的白光，达到建筑外观上的白云透光照明效果。

白云的造型

内透光照明处理

展示墙面的透光照明

冷色光照明

入口处照明

入口处埋地灯照明

烟囱温度计

城市未来馆

Pavilion of Future

展馆位置：浦西E片区

场馆主题：梦想引领人类城市的未来

设计团体：同济大学建筑设计研究院（集团）有限公司

调研分析：翁樱玲

烟囱温度计

未来馆最具代表性的景观就是高达 165m 的烟囱温度计，因其所处的位置和形态、大小从而成为人们视线关注的焦点。

薄膜上的照明

在未来馆的正面和左侧设有不规则弧形的薄膜结构，每个弧形上设有 2 个小型射灯，内部则设置着向上投射的灯具，远远看去像似一架架风扇，而反射在薄膜上的灯光，呈现出柔和温暖的气氛。

入口右侧墙面则镶嵌着一排埋地灯，照亮墙柱上各种字形的“城”字。

未来源于梦想展厅之机会

未来源于梦想展厅之安居

走进 LED 的时代

未来馆里除了常规性的照明外，大量使用了二次反射照明、内透光照明以及 LED 照明，并将投影技术与 LED 灯结合，形成独具特色的景观。

馆内有许多含义深远的小型展品，通常上方设置简单展品，下方则有屏幕解说。如：向上投射的灯具透过上方的球形模具，反射出更璀璨的光源，比喻着机会是要主动用双手去争取的。

在“未来就在这里”展区中展示了许多不规则形的“城中之城”，表层以投影和 LED 灯具投射出五大洲和其代表的城市。

沿着埋地的线性 LED 灯，通往最后的展区——未来城市之和谐广场。

在和谐广场里，右侧墙边是一片不规则薄膜，通过背后的 LED 灯进行投射，在异形表层上呈现出众多的色彩变化。

未来就在这里展厅之五洲城中城

和谐广场之LED线性埋地灯

和谐广场之LED投影幕墙

案例联合馆1

Case Joint Pavilion 1

展馆位置：浦西E片区
调研分析：朱丹

展馆外部

杭州馆

水是杭州的魂和根，案例馆以“水”为主题，展示近年来杭州实施的“五水共导、有机治理”政策。通过实施西湖综合保护、西溪湿地综合保护、运河综合保护、河道有机更新、钱塘生态保护五大系统工程，开展水源保护、截污纳管、河道清淤、引配水、生物防治等措施，杭州逐步营造出了一个水清、河畅、岸绿、景美的亲水型宜居城市。

走近案例馆，眼前是一片水世界。入口便是从浅绿、浅蓝逐渐过渡到深蓝的“水墙”。“水墙”上布满六角形的“水玻璃”，由 LED 灯照亮，中间是空心圆，恰似旧时水井。第一展厅的“水墨狂草”影像，展现了杭州所拥有的江（钱塘江）、河（京杭大运河）、湖（西湖）、海（杭州湾连着东海）、溪（西溪湿地）五种水的风姿。第二展厅迎面便是 500 个内透光效果的照片，是 500 张杭州市民的笑脸。点击旁边的按钮，便可以听到杭州市民与水相关的故事。

展馆室内

苏州馆

苏州案例馆主题为“苏州古城保护与更新”。展厅由入口古桥和园林小景、大幅水墨画、西侧主观赏台、南侧台阶、二层民居书房、一层互动区空间组成，主要设多媒体电影厅和互动体验区这两个功能区，全方位展示苏州“古城保护与更新”的成就。在 488m^2 的展示区域内，集中展现了苏州古城、园林、水乡、苏绣、昆曲、评弹等多种苏州元素。

南侧台阶旁是上面由上部灯具投射照亮的巨幅苏州巷道街景，拾级而上参观者仿佛行走在苏州的街巷中，不知不觉来到了二楼。二楼为精致的民居书房，采用相对低照度的顶灯照射愈发彰显出古色古香的气质。尤其值得一提的是展示三维图案的“相城之眼”，是一台直径 1m 的高科技 EL 冷光透视圆球，不断变化滚动着“水城、花城、商城、最佳生态休闲人居城”的三维图案。

案例联合馆B-2

UBPA Display B-2

展馆位置：浦西E片区
调研分析：翁樱玲

案例联合馆 B-2 建筑的外立面采用镂空雕花设计，照明方式则选用 LED 灯进行内透光照明，透过雕花缝隙使展馆外立面呈现出不同色彩，形成趣味盎然的剪影效果。

正面处的陶土幕墙离地高度 3.6m，上面镶嵌了两列天花壁灯，形成了引导照明的效果。

侧面的出入口附近，设置了高低不同的景观灯具，除了满足功能照明外，也使周围的景观植物呈现明暗不同的光影变化，增添了趣味性。

步行灯具

镂空雕花

低位灯具及草坪灯具

不来梅案例馆

以“共享远景”为主题，整个展区使用折纸的创意设计，以德国不来梅旗帜的红白两色作为底色，并将城市的三维立体剪影装饰其中，不来梅的著名建筑错落纷繁，令人有身临其境的感受。

蒙特利尔案例馆

蒙特利尔案例馆以环保为主题，透过投影视屏可观看垃圾回收再利用等相关讯息。外面的展厅以悬吊式内透光的箱子展示环境保护等相关图片，其灯光使下方桌面反射出炫丽光泽，呈现出别致的视觉景象。

葡萄牙旅行塔案例馆

葡萄牙旅行塔案例馆展示了“太阳能路灯”，以为自行车道及人行道提供照明为主，采用 LED 技术的太阳能照明系统，在提高能源效率、照明质量的同时，降低了费用并具有更高的安全性。

艾哈迈达巴德案例馆

此馆展示印度为了提高城市竞争力而制定的管理计划。展区内以小型投射灯为主，天花灯具使用了彩色玻璃灯罩，为室内空间增添了色彩变化。

弗莱堡案例馆

弗莱堡案例馆内最显眼的是加了特殊遮光片的投射灯具，灯具不仅投射地面，也向天花和墙面反射，配合黑森林布景，营造出一片绿意盎然的空间。

意大利环境与海洋 & 广州案例馆

意大利案例馆内部摆放了一个多边形立体屏幕，上下的投影皆不相同，可在中央座位区 360° 观看，而后面设置了光滑的墙面，使投影光屏再度反射，让人产生有两个立体屏的错觉。

广州案例馆采用壁画、莫比斯环 LED 显示、投影数字沙盘、空气成像等方式展示了广州改善水环境、恢复水生态、实现可持续发展的范例。

不来梅案例馆

葡萄牙旅行塔案例馆

蒙特利尔案例馆

艾哈迈达巴德案例馆

弗莱堡案例馆投影

意大利环境与海洋案例馆

弗莱堡案例馆投影

州案例馆

案例联合馆广场B-2

UBPA Display B-2 Plaza

展馆位置：浦西E片区
调研分析：翁樱玲

在案例联合馆 B-2 外面有一片供人休憩的广场，在沿途步行道路上的照明是采用郁金香花灯结合了 LED 照明技术，在实现道路功能性照明的同时，还能通过变色实现节日性照明。

邻近餐饮部的广场设有圆形酒吧式座椅，蓝紫色的 LED 灯具安装其中，营造出宁静的氛围。

广场内含一个“活水公园”，沿着木栈道可以看见两旁仿古式的灯具，周围的景观植物则设有埋地灯或低位灯具，使之呈现错落层次之感。配合着一圈圈的生态水池，圆形水池周围设置了荧光灯，营造出江南庭园的景致。

步道灯

广场休憩区

活水公园步道

生态水池

案例联合馆3

UBPA Display 3

展馆位置：浦西E片区
调研分析：胡拓

联合案例馆 3 由红、黄、蓝三个组合展馆和一个相对独立的白色展馆组成，展馆内有鹿特丹案例、圣保罗案例、杜赛尔多夫案例、阿雷格里港案例、天津案例、开罗案例、亚历山大案例、首尔案例、博洛尼亚案例和深圳案例等共 10 个案例。

案例联合馆3

水城鹿特丹（荷兰）

鹿特丹展区充分表现其水城的特点，室内灯光以蓝色光为主题，即使是能够变色的 LED 投光灯，也将变色范围限定在蓝紫色之间。楼梯上方的构筑物使用 LED 线形灯具沿轮廓布置，踢面底部凹处安装 LED 灯，提供行走所需照度。

鹿特丹展区照明

圣保罗（巴西）

圣保罗案例区的主题是清洁城市法案，在展示空间内，古老的建筑被广告牌和噪声淹没，《城市清洁法案》的实施则恢复了恬静、整洁的城市环境。采用透光的照明方式表现被广告占据的外立面，而在展现整洁的城市空间时主要使用了 LED 投光照明。

圣保罗展区照明

开罗（埃及）

亚历山大（埃及）

开罗案例馆展示围绕埃及开罗的艾兹哈尔公园项目以及达布·阿玛地区保护与复兴主题，介绍艾兹哈尔公园改造项目、历史遗迹的保护与再利用，以及启动多元化的社会及经济发展计划实施的成果。

亚历山大案例馆整体结构设计采用罗马式建筑外观，通过“亚历山大图书馆”等展项，展示亚历山大城市在贫穷地区施行保障社会经济综合发展模式的探索和努力。

两个案例展区采用不同配光的灯具进行局部投光的照明方式，体现建筑体量感以及材质特点。

开罗展区照明

天津（中国）

天津案例馆展示城乡统筹发展的新探索和一个安居乐业有保障、有希望的华明镇，在农村城镇化、城乡协调发展、建设社会主义新农村、建设宜居城镇方面进行探讨。天津案例主要通过在结构内安装灯具打造均匀的视觉效果，为展示区镶上了一层迷人的光环。

天津展区照明

阿雷格里港（巴西）

本案例馆以透明“迷宫”形态，展示阿雷格里港政府寻找城市发展的真正需求、巩固先进民主观念和寻求宣传社会财富的经验，让所有民众都清楚自己的责任与义务。展区内环境比较暗，灯光主要照亮玻璃展示板，突出其迷宫的主题形式。

阿雷格里港展区照明

杜塞尔多夫（德国）

本案例馆呈现德国杜塞尔多夫媒体港的城市面貌，并通过模型展示移入隧道的“莱茵河大道”，使参观者能够直观感受到“媒体之城”的独特魅力。

案例通过一般照明和局部照明的综合应用，使用包括 LED 全彩投光灯、街道杆灯、暗装投光灯、铁艺壁灯等多种灯具表现这个城市的空间特征，令人仿佛身临其境。

杜塞尔多夫展区照明

深圳（中国）

中国深圳案例馆展示伴随快速城市化过程中的一种特殊现象——“城中村”再生的主要经验，创造了一种新的“社区活化”模式，是实现“城中村就地城镇化”的典型案例。

深圳案例外墙独具特色，用众多小图片组成了一副著名的蒙娜丽莎图案，小图画之间留有间隙，灯光从其背后透出。入口处空间表面局部粘贴类似锡纸的面材，经灯光的照射，呈现如波光粼粼的湖面般的“倒影”。展示区室内界面用色大胆，灯光主要以投光照明为主。

深圳展区照明

首尔（韩国）

此案例馆采用 IT 技术，展示了一系列与韩国首尔文化经济战略相关的内容，包括发展文化产业链、电子政府、清溪川生态复原工程、创造舒适便捷的交通环境和扩大文艺表演空间等。

照明设计方面，首尔案例馆在屋顶设置投光灯和暗灯，与折线形的屋顶结合，灯具与建筑构造相互配合，打造了充满变化的界面效果。

首尔展区照明

博洛尼亚（意大利）

博洛尼亚案例馆是一座微缩的意大利古城，利用塔楼、柱廊、大学、创新区、零售区、城门、街道、广场等当地最鲜明的视觉元素，反映当地政府如何为市民创造更为舒适宜居的生活环境。

博洛尼亚案例馆的灯光设计主要体现在与柱子的结合，通过在透光材质内部安装灯具，灯光均匀的透视出来，使本来厚重的柱子仿佛是透明般的轻盈。

博洛尼亚展区照明

建筑外立面照明设计上，将灯具暗藏在建筑表皮内部，形成了规则的几何造型，配合埋地灯对立面进行彩色光投光照明，创造出富有韵律的美感。同时，广场上的低位步道灯也遵循简单的几何美学，使整个照明环境统一和谐。

案例联合馆4

UBPA Display 4

展馆位置：浦西城市最佳实践区
调研分析：祖一梅

光与影的交织

一根根LED线性灯具伸向空中，在风中摇曳着，犹如动物的触须，又仿佛是地面的精灵。

对于建筑立面的照明设计，正是利用了凹凸的建筑墙面的肌理，将LED投光灯具沿构件纵向平行放置，直接对构件侧面进行投射。这种侧面投光的方式有机地与建筑竖向构件结合，利用墙面上凹凸有致的图案，实现了光与影的完美交织。

一样的墙面肌理在不同的灯光照射下呈现不同的景象，而所有的照明设计都源自对自然光照明的模拟。

LED触须

宽光束投光灯对墙面肌理的表达

窄光束投光灯对墙面肌理的表达

自然光下的墙面肌理

同一个空间，不同的氛围

右边四张图片是同一个空间的四个不同时刻的照片，正是通过几面屏幕中展示的不同景象，从而影响到整个空间的体验和氛围。

不断变化的LED屏幕展示的各种图片

光与材质的结合

图中所示的是光与各种材质结合所形成的各种各样的纹理和效果。螺旋状的幕布上，LED 投影灯形成的图案犹如太阳照进海底的效果。

在大阪展示区，通过在拱形的隧道两边采用投影，将日本的景物风情展示给隧道里的游客。

另外还有光与水柱的结合，光与镜面材料的结合等等。

螺旋形幕布的投影照明

照明对天花肌理的表达

灯光与水柱的结合

地板中暗装点光源

特殊的照明设计与光的应用

在照明设计中，除了使用一般的 LED 投光灯、投影灯的照明外，还有依靠压力感应的特殊的照明设计，以及利用不同波段的光对植物生长影响的装置，通过给植物提供一定波段的光，达到促进或抑制植物生长的目的。

隧道中的投影照明

隧道中的投影照明

隧道照明细部

光波对植物生长的影响

台北案例馆

Taibei's UBPA Case

展馆位置：浦东E片区案例联合馆4-3内
场馆主题：迈向资源循环永续社会的典范城市
台北无线宽带—宽带无限的便利城市
调研分析：胡拓

台北案例馆凭借“无线宽频”和“资源回收”两项案例入驻城市最佳实践区。世博会期间，台北案例馆着重通过高科技展现台北的生活和台北人的热情友善，让更多的大陆和海外参观者体会到台北的美，台北的好。

投射光表现建筑肌理

投光灯表现建筑肌理

台北案例馆外立面表现使用了安装在建筑构件上的投光灯，用正面投光的方式展现建筑的肌理效果。

旧厂房的格构式混凝土柱子无疑是展馆表现的一个重点。每个柱子靠近柱身的地面上安装着色温较高的 LED 投光灯，冷峻的光线充分展现了历史建筑的沧桑感和斑驳肌理。除此之外，柱身的不同位置上也安装了投光灯照亮柱子，形成一个立体投光网络。

室内投光灯

室内LED屏幕

楼梯照明

灯具细部 半透明材质打造柔和均匀的光效

室内灯光照明

LED 透光照明

展馆内部大量使用 LED 透光照明方式。其中 3D 剧院的弧形外立面以及第二展厅内的展示墙均采用边缘掠射的形式使灯光透过介质层，形成表面亮度均匀渐变的光效。

参观者在台北案例馆将观赏到由台湾著名导演侯孝贤导演执导的 3D 影片，影片主要讲述台北人的日常生活，让观众近距离的感触台北的美好。从影院出来后，通过一段走廊和下行的楼梯，人们就来到了下一个展区。在楼梯照明方面，设计者细心的设计了略高于踢面高度的暗装灯具，提高踢面照度的同时又完全避免了眩光的干扰，而且光线随梯段高低错落，本身就形成了一种富有韵律的美。

灯光塑造空间感受

LED 的五彩荧屏

第二展厅屋顶通过在环形吊顶内安装灯具将光投射到屋面形成了一个如光晕般的光环。室内两个高科技触屏式互动平台在台面下方安装线型光源，照亮平台立面，冷白色光线照射下的普通材质表现出白色大理石般的细腻光泽。在这个平台上，参观者可以通过触碰台面上的屏幕与来自台湾的海洋生物“捉迷藏”，这个游戏让很多小朋友久久不肯离开，为了方便小孩子的操作，平台还设计成了不同高度的阶梯状。

展厅两侧墙面分别设置了展示墙，表面用可均匀透光的材质覆盖，在结构层和表皮之间的夹层内安装全彩 LED 点光源，光源颜色随时间规律性的变化，在内部从上、下两个方向照亮外层透光介质。墙面在灯光的照射下不停地变幻色彩，打破了原本的单调和僵硬的感觉。

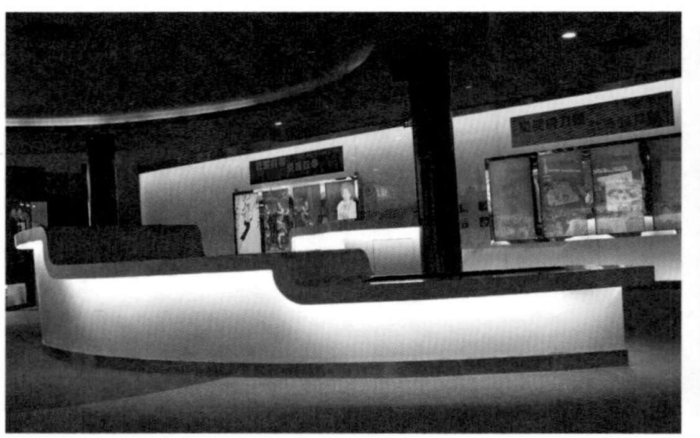

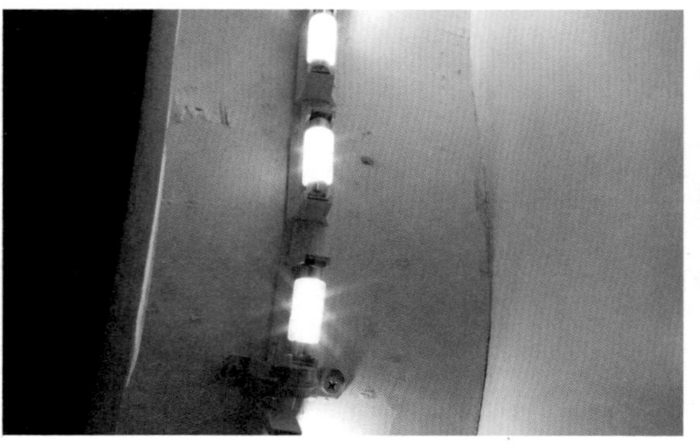

仿佛漂浮着的高科技互动平台及其暗装灯具

夹层内安装LED全彩点光源

汉堡案例馆

Hamburg's UBPA Case

展馆位置：浦西E片区

设计团队：Spengler Wiescholek 建筑设计事务所
Dittert & Reumschüssel建筑设计事务所

调研分析：胡拓

汉堡馆是一座奇特的建筑，不需要空调和暖气，却能四季保持室内 25℃左右的恒温，建筑所消耗的外部能源只有普通房屋的 10%。这幢高约 18m 的红砖房，形如对着四个方向打开的“抽屉”叠放在一起，融居住与办公功能于一体。案例馆里有贯穿于各个楼层的一棵三维“愿望树”，是创新的参观引导系统，展现德国汉堡居民对未来城市生活的愿望，以及汉堡针对这些愿望做出的回应。

走廊内线性分布的灯具和照亮指示板的投光灯

零废气排放的环保之家

“汉堡之家”是一座以极低的能耗标准为特征的“被动房”，基本无需主动供应能量，而是通过地源热泵获得采暖、制冷、通风和去湿效果，隔热隔音、密封性强的建筑外墙和可再生的能源的利用也在“汉堡之家”得以实现。

汉堡馆室外运用埋地灯不均匀照射墙面，体现外墙的材质。室内综合使用局部照明和均匀照明，既保证了场馆内的整体亮度，又凸显了场馆展品的特色。

通过光影效果更好地展现材质特点

利用投光灯提供重点照明

LED灯具

地面埋地灯照亮墙面，凸显建筑材质

展馆室内外通过多种灯具的运用来展现不同场景魅力

阿尔萨斯案例馆

Alsace's UBPA Case

展馆位置：浦西城市最佳实践区
场馆主题：水幕太阳能建筑
调研分析：祖一梅

造型亮点：玻璃幕墙和绿墙

阿尔萨斯案例馆位于世博园区城市最佳实践区北部模拟街区，又称“水幕馆”，反映了法国阿尔萨斯地区对自身环境维护的实践及再创新设计，整体建筑采用金属钢架结构，高 15m，宽 30m，外挂玻璃幕墙和绿植，南立面倾斜的玻璃幕墙是其设计的精华所在，呈 70° 角倾斜，可充分采光和散热，充分体现了节能环保的理念，也充满了现代气息。

斜斜的墙面由两部分构成：一部分是被青枝绿叶覆盖的“绿墙”，另一部分是整片的白玻璃幕墙，有流水循环其间。整座幕墙绿影曈曈、流水潺潺，十分夺人耳目。夜晚时分一楼的玻璃幕墙上白色的灯光与绿茵茵的植物幕墙形成一明一暗的对比效果。

橱窗照明

室内的照明设计通过若干个展示橱窗，采用高色温光源照明，烘托着橱窗内展示物的精美。

橱窗照明

成都案例馆

Chengdu Case Pavilion

展馆位置：浦西E片区
场馆主题：活水文化，让生活更美好
调研分析：朱丹

会呼吸的世博“湿地”

成都的活水公园是一座以“水保护”为主题的城市生态景观公园，它对社区和公共空间的雨水和污水进行有效收集，通过生物自净功能进行水的处理和循环利用，诠释活水文化，倡导人们珍惜水资源。案例馆占地 2680m²，取鱼水难分的象征意义，将鱼形剖面图融入公园的总体造型，喻示人类、水与自然的依存关系。展馆分为 4 个部分，分别反映自然未被“现代文明”污染前的状况、自然环境被破坏和污染时的状况、水的人工湿地生物净化系统部分和展示河水经过生物净化后的运用状况。

鱼鳞片状的花坛

夜色下的“活水公园”

湿地公园内的步道采用路灯照明，为避免产生眩光，沿路边的花坛布置了嵌入式侧壁灯照明，色温较低，暖黄光色形成光带勾勒出花坛的外形。步道边的草坪采用单侧投光，参观者从道路上看过去，不会产生视觉上的干扰或者对周围的环境形成光污染。

除此以外，为再次突出案例馆的景观特点，有选择地对观赏性比较强的树木花卉及雕塑进行重点照明。通过对灯形及照明方式的设计，营造整个“湿地”公园别样的夜景气氛。

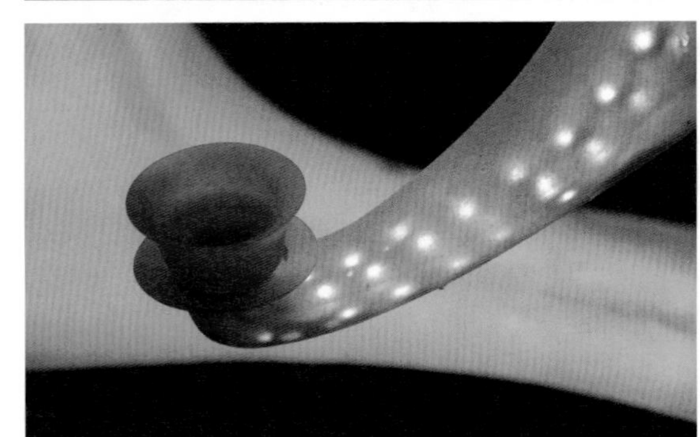

“活水公园”夜景照明

澳门案例馆

Macao's UBPA Case

展馆位置：浦西E片区

案例名称：澳门百年老当铺“德成按”的修复与利用

调研分析：葛亮

澳门案例馆原形是在澳门有着百年历史的老当铺“德成按”，如今它是澳门第一个由政府与民间合作建成的行业博物馆。展馆设有“典当业展示馆”、“英雄物展示廊”、“澳门资料馆”共三部分，室外和室内多处运用声光效果，配合物品展示，给人带来印象深刻的视听震撼。

室外灯光秀

魔幻声光秀

每晚，澳门案例馆将定时举行大型声光秀表演，以其古朴怀旧风格的立面为背景，将不同灯光造型投射其上，光影效果复杂，整个场面非常有震撼力，让人回味无穷。

室内“武侠风”

武侠江湖世情

展馆二楼是“金庸珍藏馆”，其电子大屏幕展墙环绕四周，不断播放着不同武侠人物、场景和行为，让人仿佛置身于金庸小说的江湖世界中。

室内“武侠风”

局部的浪漫意境

此外，澳门案例馆在局部细节处理上颇有特色，昏暗走廊中对墙的投光照明、设计精美的小吊灯等均带给人们幽静温馨的空间感受。

室内局部

罗纳阿尔卑斯案例馆

Rhone-Alpes Pavilion

展馆位置：浦西城市最佳实践区
场馆主题：光明之城
调研分析：祖一梅

最少耗能 最美照明

罗阿案例馆独特之处在于其低能耗。建筑除了整体使用保温砖外，设计师还为它披上“竹衣”和“绿墙”，以隔绝太阳辐射热，保持室内温度稳定，减少建筑能耗。

富有特色的展馆外观——展馆外墙被翠竹包围，竹子上则绘制有奥巴内尔先生的画作。竹子的外墙仿佛是一片面纱，夜晚的时候可以柔化室内的灯光。玫瑰园广场上的灯光照明结合广场上的玫瑰园设计，光束低调优雅，给人以宁谧的感受。

玫瑰园广场照明

罗阿大区馆为城市最佳实践区设计的灯光秀，将人们的互动参与、情景气氛的营造、景观灯具的装饰、动态灯光的表演等综合起来，是一种注重视觉冲击力的展示艺术，并借助各种照明技术来实现，如 LED 照明技术、照明控制技术、数字媒体技术、实时感应技术等。灯光秀运用不同的灯光颜色组合，针对不同展馆的外立面，设计特别的灯光图案，并配以曼妙的音乐，为夜晚的世博园送上全方位的视听盛宴。

室内的照明较为简单，主要是各种照明灯具的展示。

灯光秀

灯光秀

室内灯具

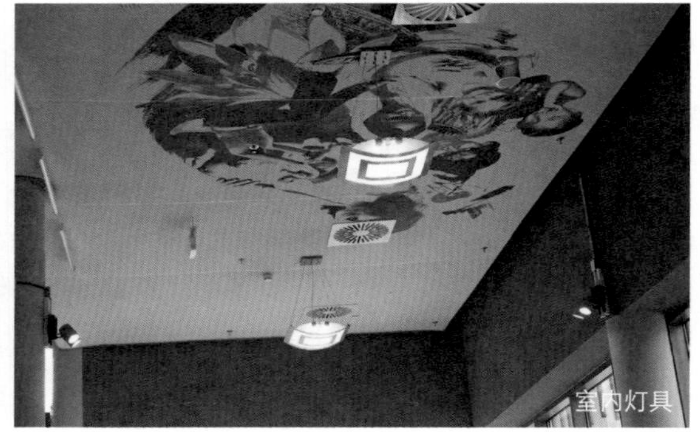

室内灯具

麦加案例馆

Makk UBPA Case

展馆位置：浦西城市最佳实践区

场馆主题：极端条件下的城市奇迹

调研分析：祖一梅

米纳帐篷城案例中帐篷的大小是按 1：1 的比例复制麦加的帐篷。

白色帐篷白天既可遮阳，晚上又可散热。帐篷采用特殊材料，可以防火、挡风、防腐蚀、防滑，使用寿命长达 25 年，特殊的“太阳光滤镜”仅容许 10% 的太阳辐射热透入帐篷中，确保帐篷内的温度适宜。整个布展也围绕着帐篷城的城市规划展开。

展览将分六个区域进行，观众不仅可以看到帐篷城的总体模型，还能通过墙上的全景屏幕欣赏有关朝觐历史的纪录短片，领略世界上最大的人工蓄水池的独特风貌，以及沙特政府如何解决帐篷城内人民的健康和环境问题。

麦加米纳馆立面照明

麦加米纳馆立面照明

麦加米纳馆室内灯具

麦加米纳馆室内灯具

白色光照明

麦加米纳帐篷城的照明设计以纯净的白色光为主，显得安静、清冷，烘托出一个处于沙漠中月光下的帐篷城的意境，正如墙面上的 LOGO 图案所示。

麦加米纳帐篷城建筑外观照明主要分为帐篷顶、帐篷檐口和入口处照明三个部分。帐篷顶照明主要采用从顶部到帐篷布上投光的照明方式，突出了帐篷的立体效果。帐篷檐口处的照明采用低功率的荧光灯照明，同时从檐口向内部投光，见光不见灯，以达到较佳的视觉效果。入口处一盏具有沙特风情的吊灯，提供功能性照明的同时还起到了装饰性作用。

室内照明有两种类型，一种是白色背景光照明，一种是线形灯具照明。

白色背景光照明：采用白色亚克力透光材料，结合展示的图片设置，光线柔和均匀。

线形灯具照明：采用排成线形的颗粒状微小灯泡，从上下两侧向中间照射，形成渐变亮度的灯光，突出了体块之间的进深。

白色背景光照明

白色背景光照明

白色线形光带照明

白色线形光带照明

宁波滕头案例馆

Ningbo Tengtou's UBPA Case Pavilion

展馆位置：浦西E片区
场馆主题：城市化的现代乡村，梦想中的宜居家园
设计团队：中国美术学院，王澍
调研分析：朱丹

村在景中、景在城中

中国浙江宁波滕头村是全球唯一入选上海世博会的乡村实践案例。建筑设计以现代主义简洁的设计语言来表达江南民居的神韵，空间、园林和生态技术进行有机结合，表现出“城市与乡村的互动”，再现全球生态 500 佳和世界十佳和谐乡村的发展风貌。整个建筑的外墙由工作人员历时半年从大大小小的村落里收集来到 50 多万块废瓦残片堆砌而成。东立面有完整的垂直绿化，对墙体内的室温进行全面调节。馆内布置有“天籁之音”、“自然体验”、“动感影像”、“互动签名”等特色区域，以“新乡土、新生活”为理念，从“天籁地籁”、“天动地动”、“天和人和”三个板块，充分反映了宁波城乡和谐发展的生动实践。

宁波滕头案例馆夜景及前广场休闲座椅区

城市化的现代乡村

建筑基座侧边部分以投射灯将基座部分上缘洗亮，衬托出整座建筑的厚重沉稳；而室外场地上造型别致的木质休闲座椅区也在光线的照射下显得愈发柔和，照明设计使一刚一柔的两种材质形成对比，相较白天更具张力。侧面的地灯在一片竹林的下方，竹影在立面上形成了斑驳的效果。立面上一个大面积开窗透出室内照明产生光影效果；而在入口处灯光亮度反而较低，在产生虚实对比效果的同时，也为整个参观流程埋下了欲扬先抑的伏笔。室内指示牌的设计也结合透明状蝴蝶造型的塑料板，运用 LED 照明来重点强调。除一般性顶灯照明外，在近地面还设置了间接指示性照明，避免产生眩光。

室外局部照明及室内照明

西安案例馆

Xi'an Case Pavilion

展馆位置：浦西E片区
场馆主题：历史文化遗产保护与城市现代化建设和谐共生
设计团队：中国建筑西北建筑设计研究院
调研分析：朱丹

飞跃千年的宫殿

在整个世博园区众多现当代建筑中，古香古色的西安案例馆的出现给游客带来一种仿佛时空穿梭的错觉。城市最佳实践区西安案例馆——大明宫遗址区保护改造项目是本届世博会唯一入选的大遗址保护案例。方案以唐栖凤阁 1:1 的比例复原实体，展现出唐代建筑外形的古朴雄浑。展馆内的三维立体电影带参观者展开一段穿越时空的奇幻旅程，从唐朝的大明宫，飞跃千年来到未来的大明宫国家遗址公园，见证历史唐朝的昌盛，感受未来遗址公园的精彩。

西安大明宫案例馆夜景

梦回大唐

大明宫的夜景照明总体突出其整体的层次感及丰富的立面结构，上下产生强烈的虚实、繁简对比。大屋面采用大功率 LED 透光灯均匀的布置在檐口瓦槽中，其琥珀色光将整个屋面照亮，使屋面气势磅礴、浑厚淳朴。檐口下的斗栱同样采用 LED 投光灯进行投射，充分展现其丰富的结构层次。而建筑的基座采用灯光进行大面积投射，使该部分砖墙及瓦屋面立面色彩效果有别于其他层面，丰富了灯光及色彩层次。整个建筑最具特色的结构线条是其美轮美奂的屋面外形轮廓和各个飞檐，该部分采用 LED 点光源轮廓灯沿城楼外形轮廓线勾勒，以点带线，并在转角处重点打亮，使整个城楼的外形及轮廓神韵展现在夜色中。馆内巨型弧幕电影与雾幕成像系统一起带领参观者展开一段奇幻的空中旅程，3D 立体特效让人仿佛置身 1300 年前的盛唐王朝皇宫中。

室内及局部照明

温哥华案例馆

Vancouver's UBPA Case

展馆位置：浦西E片区
场馆主题：都市桃花源
设计团队：加拿大卑斯省林业厅林业发展投资处
林创咨询有限公司；
北京市建筑设计研究院
调研分析：翁樱玲

宛若夜明珠

温哥华案例馆是由直线形建筑体和大型球体两部分组合而成。

球体部分外设玻璃幕墙，而室外的埋地灯和室内 LED 灯分别投射在玻璃幕墙上，使之呈现柔和的光泽，宛若夜明珠般莹莹夺目。

木构造与混凝土的完美组合

整栋案例馆是木结构与混凝土的混合性建筑，在温哥华当地十分的普遍。三层建筑中底层为混凝土构造，上面两层全为木结构。此种构造不仅能减轻建筑的整体重量，还能提升抗震强度和舒适度，且木质材料在拆迁后还可以用作他途，达到循环利用目的。

对球体部分的照明

木构地板镶嵌埋地灯

出口附近的草坪灯

营造出桃花源意境

室外灯具最为显眼的是墙体上的小型投射灯，分别投射在建筑体上的“温哥华”字样和窗户上方，两者皆是属于发散式的灯光。每扇窗户内则镶嵌了屏幕，播放着温哥华市的讯息以及当地的混合性建筑介绍，灯光配合着白色的墙体呈现出柔和的氛围，营造出都市桃花源的意象。

在出入口的木质地板上则镶嵌了埋地灯，既达到了照明引路效果，又不会显的太过刺眼明亮。一旁的景观花丛藏有数个小型灯具，温暖的灯光营造出舒适安宁的效果。

室内灯光照明大多以小型投射灯具为主，另外就是在一层入口走道处两旁墙体镶嵌波浪形的 LED 灯，以及二层向外投射在玻璃幕墙的 LED 灯具。

走道两旁墙体内嵌LED灯

楼梯夹层设置灯具

投射在玻璃幕墙的LED灯具

欧登塞案例馆

Odense's UBPA Case

展馆位置：浦西E片区
场馆主题：自行车的复活
设计团队：Kvorning Design & Communication , Denmark
调研分析：翁樱玲

飞旋之轮

丹麦欧登塞案例馆倡导自行车交通，展区的平面格局酷似丹麦文学家安徒生童话中的“太阳脸”。

整个展区为一个大型开放空间，切割成数个单元小空间，每个空间展示着不同种类的自行车，使用一两个埋地灯照明，并有悬吊式屏幕播放解说，正中央则又空出一小块空地，作为自行车的展演场，使用中杆灯具照明。

展区照明

LED—情景照明

LED—地面互动照明

LED—美丽的室内星空

LED—柔和的起居室光环境

上海案例馆

Shanghai's UBPA Case

展馆位置：城市最佳实践区

调研分析：曾堃

上海案例馆又名沪上生态家，位于城市最佳实践区北部街区，建筑面积 3147m^2。

建筑立面上通过外投光照明，突出绿色植物，表现生态主题。

建筑室内照明充分利用天然采光，同时通过分区照明控制方式及人工照明设计，节约照明能耗并提升室内光环境品质，实现“自然与人工的交影”效果。同时，室内大量采用新型 LED 灯具，节能低碳，又创造了丰富的室内景观。

马德里案例馆

Madrid's UBPA Case

展馆位置：E片区

场馆主题：马德里是你的家

调研分析：曾堃

马德里案例馆位于世博会 E 片区，主题理念是“马德里是你的家”。

展馆的竹屋采用埋地灯向上投光进行照明，突出竹屋材质的纹理。每个住宅单元竹质表皮的开启时间和方式都不同，建筑的外立面将始终处于不断变化之中，充满光与影的强烈效果。

“空气树”是十边形的钢结构建筑，顶部安装太阳能板，其灯光颜色不断改变，营造充满活力的室内气氛。“空气树”十边形的外立面装有显示屏，通过全息影像技术向参观者播放马德里人民的生活片段。

“空气树”顶部变化的灯光

“空气树”墙面的影像

开启的竹质单元

埋地灯向上投光照明

伦敦案例馆

London's UBPA Case

展馆位置：浦西城市最佳实践区
调研分析：祖一梅

恰到好处的室外照明

为了充分地体现“低碳”的理念，室外的照明也恰到好处地点缀，通过几盏低亮度的投射灯，从 地面投向墙面，营造了静谧的氛围。

室外埋地灯

室外埋地灯

中杆步道灯

室外埋地灯

室内照明

室内照明由以下几个部分组成：

（1）橱窗照明

精美的瓷器在低色温的 LED 光源照射下显得格外的精致秀美。

（2）吧台照明

将收集的酒瓶应用到酒吧的装饰中，透过酒瓶投射下来的灯光使酒吧的气氛更加浓烈。

（3）天花照明

由天花板上悬吊着一个个透光的盒子，表面的各种图片传达了地毯的展示主题。

（4）“打开伦敦”主题

由线型荧光灯具组成“打开伦敦”的字样，作为一个展示的主题。在每个打开的箱子里，通过投射灯进行照明。

橱窗照明

天花照明

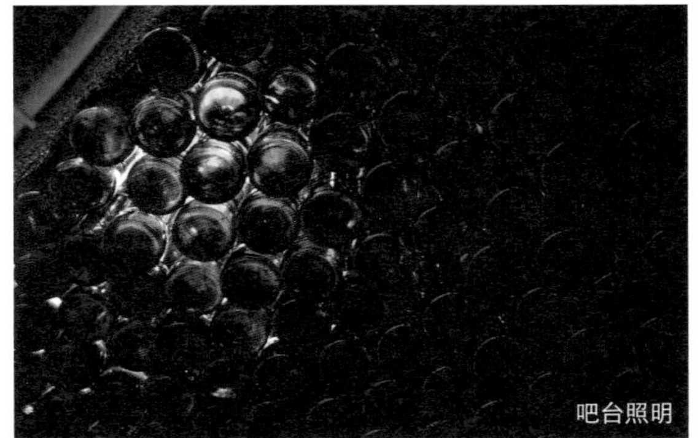
吧台照明

“打开伦敦”主题

创意大厨房

Innovative Kitchen

展馆位置：浦西E片区
场馆主题：汇聚天下美食
设计团队：同济建筑设计研究院
调研分析：胡拓

汇聚天下美食

创意大厨房位于世博园 E 区，为两层建筑，店内有来自世界各地的特色美食。

创意大厨房的入口大台阶在装饰性街灯的照射下呈现出斑驳的光影效果

整体照明与局部照明的结合

创意大厨房室内分布着众多的美食小店，这就决定了它室内采用一般性照明和局部照明的有机结合。一般性照明以屋顶不规则形状的发光顶棚为主，光线透过半透明的材料，提供均匀明亮的室内环境，最大程度上避免了眩光现象。而商家为了招揽顾客，纷纷运用灯光提高店面照度，使用最多的是定向投光灯，还有一些使用闪烁的小彩灯营造气氛。

与屋顶灯光的冷色调不同，店面局部照明大部分都是使用暖色调的灯光，给人带来温馨的就餐环境。

入口处的发光顶棚

漂亮的“花朵”

创意大厨房内小店的暖色调灯光带来温馨感受

企业馆广场

Enterprise Pavilion Square

广场位置：浦东E片区
调研分析：胡拓

企业馆广场位于世博会浦西 E 片区，企业馆展区东侧，广场面积约 10000m^2。企业馆主要用于企业特别日活动和小型文化演艺活动。广场标志立柱表面安装有全彩 LED 点光源，亮度和色彩都可以随时间变化。

立柱上的全彩LED点光源

广场小品的照明

广场上的高位灯具

城市广场

City Plaza

广场位置：城市最佳实践区
调研分析：祖一梅

照明设施与广场小品的结合

城市广场位于企业馆展区东侧，为出入口广场，广场面积约 10000m^2。基本舞台高 1.4m，台宽 13m，台深 12m，台口净空高 6m。

这么大的一个出入口广场上的照明设计，除了使用了 LED 投影外，最主要的是与广场小品功能性的结合。将灯具隐藏在遮阳避雨顶棚中，既美化了这些广场上必要的小品设施，同时也巧妙地隐藏了灯具，再一次地体现了“见光不见灯”。

广场上为数不多的几盏灯具，其造型如郁金香形，白色的花瓣造型美观大方，灯具包裹在花瓣中，光束低调优雅，给人以宁谧的感受。

照明设施结合广场小品

中国民营企业联合馆

Chinese Private Enterprises Joint Pavilion

展馆位置：浦东E片区
场馆主题：无限活力
设计团队：北京彩恩建筑设计有限责任公司
调研分析：李保炜

幻彩的表皮

中国民营企业联合馆外表皮采用“智能膜”材料，白天根据视看角度和太阳光的变化，智能表皮会折射出不同的色彩；夜晚，配合下部的LED射灯和线型灯具，智能膜的特殊折射与透射性质使整个建筑呈现出梦幻般的斑斓色彩。

流光溢彩的室内展示

民企馆充分利用LED光源可变色、体积小等优势，在室内大量采用LED与展示内容进行结合，例如入口处的“巨人太极阵”，还有将名片置于地面玻璃下加以LED投光等，创造出流光溢彩的室内环境。

室内展示与LED的结合

“活力矩阵”

民企馆特有的“活力矩阵”表演是整体展示的重点，通过对舞台上方悬挂的1020颗三维浮球矩阵进行投光，配合表演的形式不同，矩阵会呈现不同的色彩和韵律感，与观众进行互动，体现出矩阵的特有活力。

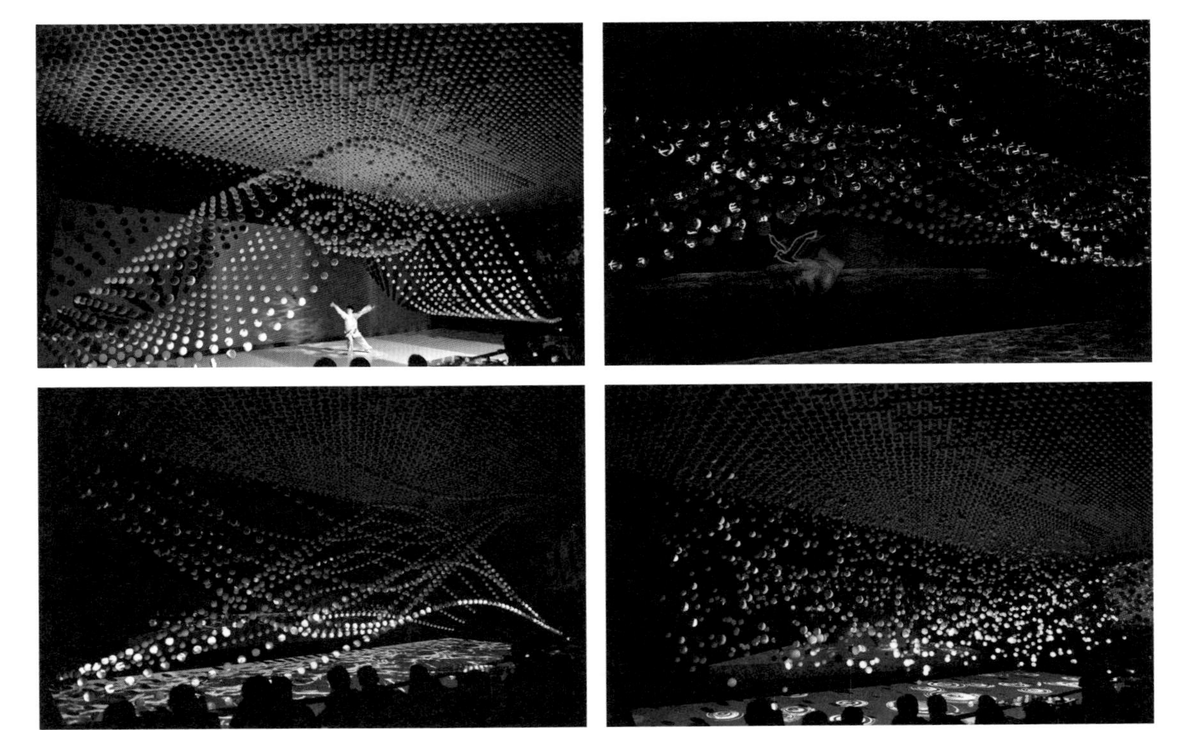

“活力矩阵”表演

户外空间照明

户外空间照明

Outdoor Lighting

步行道照明

由于世博园区的功能属性，步行道照明是保障游客通行安全的关键环节。在世博园内，普通的步行道和庭院灯的高度一般在 3~5m，采用的光源有荧光灯、金卤灯、钠灯等，也有不少区域采用了 LED 光源。

在江南广场的沿江步行道上，高度为 13m 的火焰景观灯从卢浦大桥起每隔 25m 排列。为了配合浦西老工业区的历史沉淀感，火焰灯外观设计成类似造船用的气焊枪头，顶部的灯头内部使用最新的 LED 技术实现火焰的跳动感。实现了现代科技和历史文化的完美结合（图 1）；

在城市最佳实践区步行道路上的 60 多盏郁金香花灯结合了 LED 照明技术，在实现道路功能性照明同时，还能变色来实现灯光性的节日性照明（图 2）；

主题馆旁的多面体造型的 LED 景观装饰灯柱十分显眼，它的大尺度和主题馆相适应，表面薄膜的印刷图案也呼应着世博“城市”主题，也已成为世博园区公共空间的灯光艺术装置(图3)；

在云台路靠中国馆的道路边，步行道灯与投光灯相结合，不仅使路面照明得到保障，同时投光灯将中国馆的沿街外立面照亮，增强了整体步行道的节奏感（图 4）。

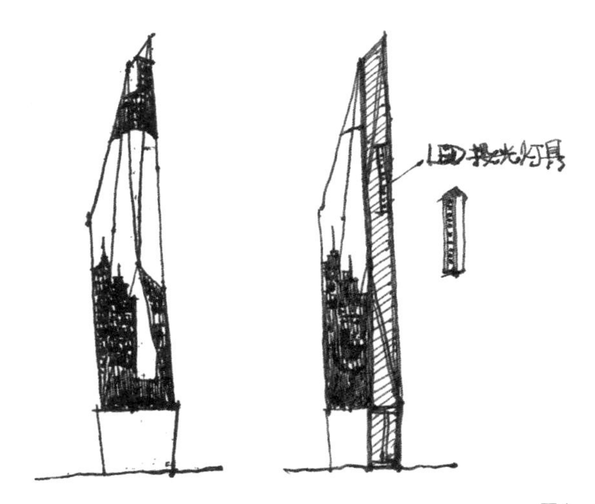

图4

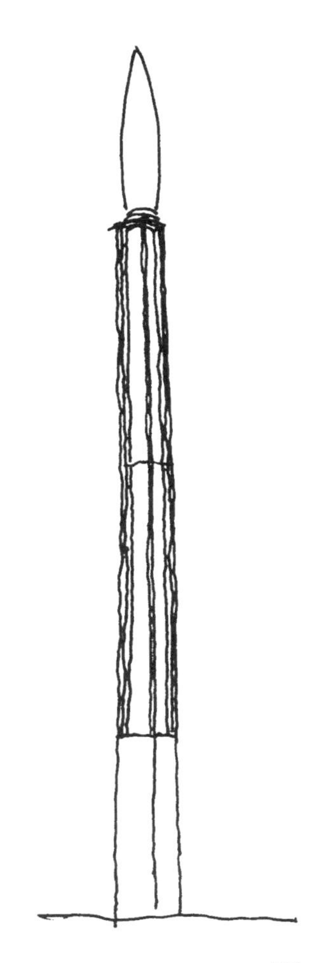

图1

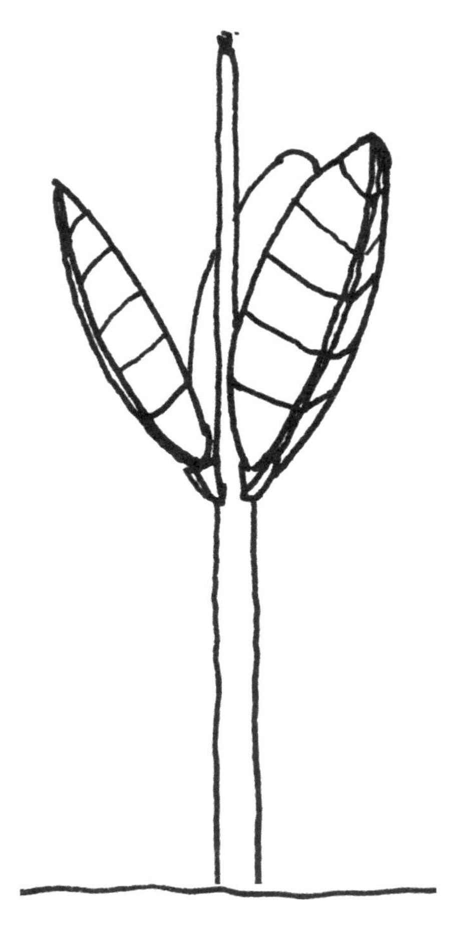

图2

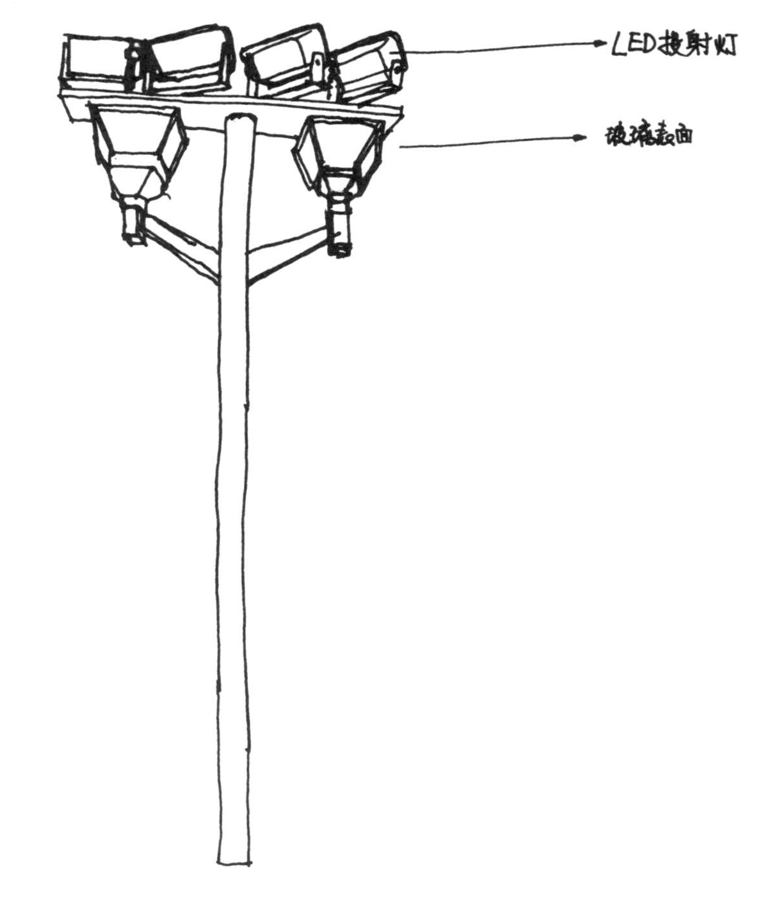

图3

我们还对一些场馆外步道以及高架步道处的灯具照度进行了测量（表 1）。高架步行道的步道灯高度为 9 米，主要起到功能性照明作用。由于高架步道上有部分路段在两旁分别设置了防雨防晒的伞形张拉膜，较高的步道灯能减少顶棚对中间路面的照明效果影响。经测试，高架步道上的水平照度范围为 15lx 至 50lx 之间，满足功能性照明的要求。

测量范围	后滩广场（高杆灯）	罗马尼亚馆附近（路灯）	天下一家馆附近步行桥（步道灯）	意大利馆旁（人行步道灯）
灯头正下方地面水平照度	13.5 lx	53.1 lx	27.3 lx	43.5 lx
距灯 1/4 处地面水平照度	25.5 lx	49.5 lx	56.2 lx	21.8 lx
两灯中间点地面水平照度	6.46 lx	43.9 lx	43.5 lx	23.2 lx

表1

除步道灯外，世博园区的步行区域还应用了其他类型的灯具，如低位步道灯（草坪灯），埋地灯等，起到了空间限定、视觉引导或一定的装饰作用。例如，在世博文化中心户外的 LED 飞碟型草坪灯具和步道灯具，在视觉舒适度、限制眩光和减少光污染方面都有优异的表现。灯具采用了 4W 美国 Cree 超高亮白光 LED 作为光源，不仅节能、显色性高，并且发热量低，可以安全触摸（图 5、图 6）。

总体而言，在世博园区的户外步行空间，路面的照度基本都满足了功能性照明的要求（包括水平照度和半柱面照度），并且在路面均匀度上也控制得较好，未见明显的“斑纹效应”。在步行空间的视觉感受方面，通过步道灯、草坪灯、侧壁灯、埋地灯的有序组合，不仅保证了亮度和均匀性，提高了步行空间光环境品质，有较好的视觉诱导作用。

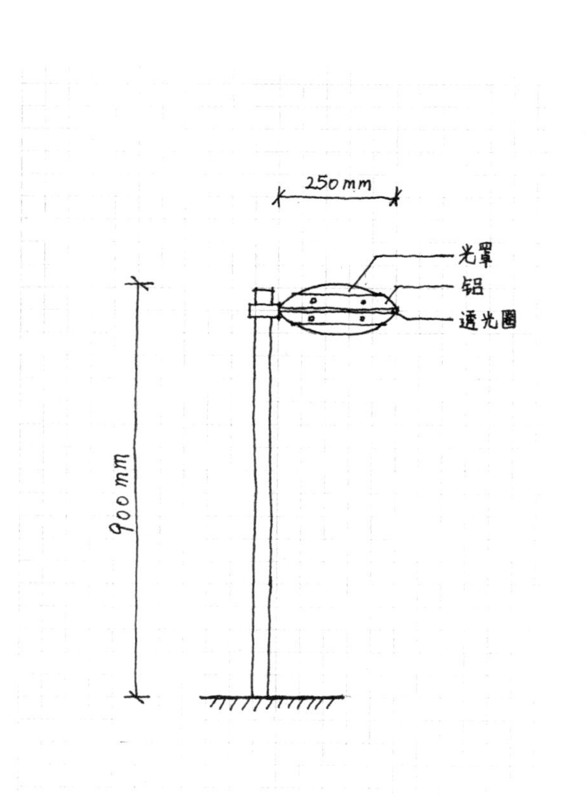

图5

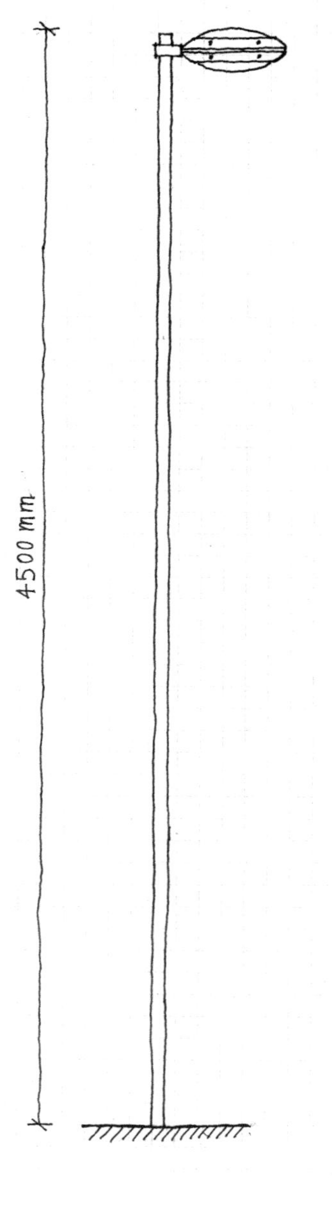

图6

车行道照明

在世博园区中的大部分车行道仍采用了高压钠灯光源，路灯形式有双头和单头两种。路面总体水平照度均匀，基本在 30 lx~80 lx 之间，半柱面照度可达 0.5 lx 左右，基本满足功能性照明，总体照明效果较好。

在交叉路口，除了有直路段上车道灯，还增加了不同于低色温车道灯的高色温中杆灯具的照明，保证足够的照度的同时还改变了光色，从而增加了道路交叉口的警示作用，提醒行人和车辆自己正接近交叉路口。

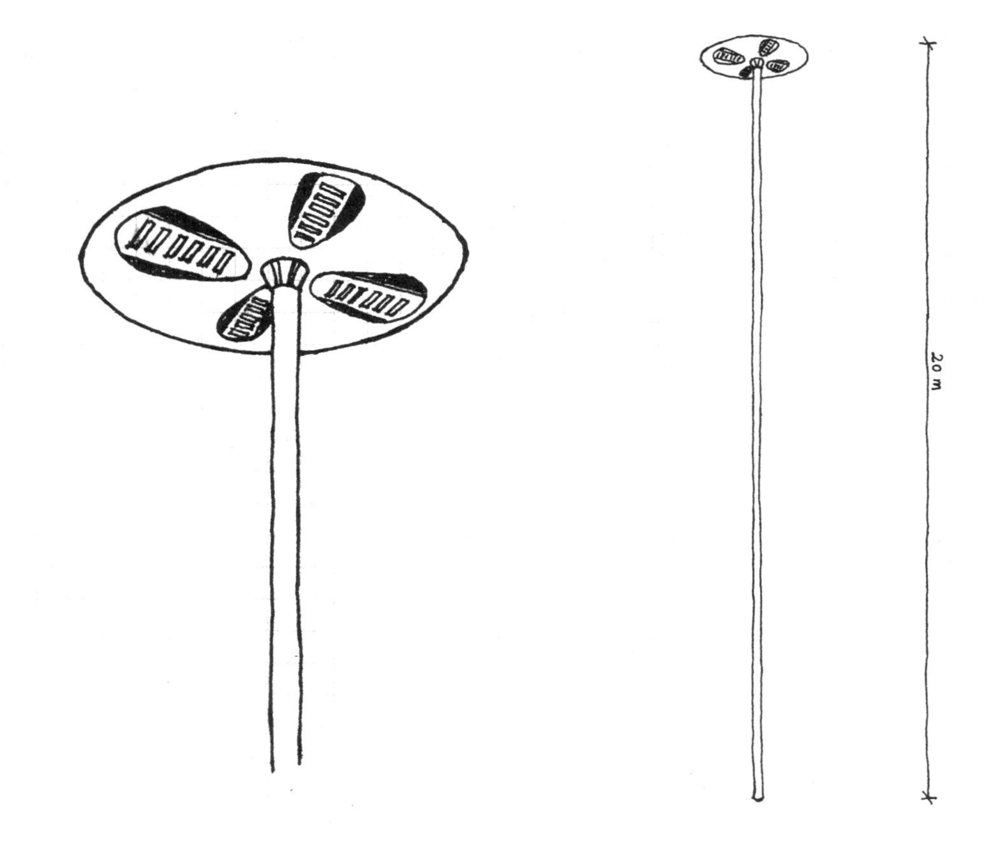

图7

广场照明

由各场馆之间较大公共空间形成的休闲广场在世博园区中随处可见。在这类广场中，世博园区设计者使用了 20m 左右高的中杆 LED 灯具，保证了所需的整体照明。灯下水平照度测试值平均为 83.5 lx，周围平均水平照度约为 40 lx。总体而言，这样的照明方式保证了照度的均匀性和合理性，并且降低了眩光感受（图 7）。

在庆典广场等区域还大量采用了以 LED 光源为主的埋地灯具，起到了很好的装饰和引导作用。另外，通过结合压力感应的互动设计——当感应到人们行走所产生的压力，埋地灯具会相应地改变颜色和显示图案，大大增加了广场的趣味性和公众参与性（图 8）。

图8

图书在版编目（CIP）数据

世博之光 中国2010上海世博会园区夜景照明走读笔记 / 同济大学建筑与城市规划学院《建筑与城市光环境》教学组编. —北京：中国建筑工业出版社，2014.2
ISBN 978-7-112-16365-6

Ⅰ.①世… Ⅱ.①同… Ⅲ.①博览会－景观－照明设计－上海市－2010 Ⅳ.①TU113.6

中国版本图书馆CIP数据核字（2014）第017650号

责任编辑：杨 虹
责任校对：姜小莲 关 健

世博之光
中国2010上海世博会园区夜景照明走读笔记
同济大学建筑与城市规划学院《建筑与城市光环境》教学组 编
*
中国建筑工业出版社出版、发行（北京西郊百万庄）
各地新华书店、建筑书店经销
北京嘉泰利德公司制版
北京雅昌艺术印刷有限公司印刷
*
开本：787×1092毫米 1/12 印张：27 字数：490千字
2015年12月第一版 2015年12月第一次印刷
定价：**146.00**元
ISBN 978-7-112-16365-6
（25090）